JN016383

食と農のつれづれ草

ジャーナリストの視点から

岸 康彦
Kishi Yasuhiko

創森社

まえがき

一九五九年以来、新聞記者、大学教員、研究所研究員・理事長、人学校校長と、いろいろな仕事を経験してきたが、本人の意識としては一貫してジャーナリストであり、名刺の肩書きは今も「農政ジャーナリスト」としている。

その間、報道記事、社説、研究論文などのほかに、長短さまざまな雑文を各種の媒体に書いてきた。それらのうち自分として捨てがたいものを選び出し、テーマごとに年代を追ってまとめたら本書のような姿になった。これはその時々に、一人のジャーナリストがそのテーマにどう向き合ってきたかの軌跡であり、それは同時に自分史をたどることでもあった。

きっかけは二〇二〇年一一月に『農の同時代史』（創森社刊）を上梓したことだった。同書の執筆中、二つのことをたびたび考えている自分に気づいていた。

一つは、同書で取り上げた各種のテーマを、いつから意識して取材するようになったのか、言い換えれば時代の変化に対する私の感度はどうだったか、ということである。

一例をあげれば、同書の3章1は非農家出身者の就農、つまり農業への新規参入が主なテーマである。いま振り返って見ると、私が新規参入者を本格的に取材し始めたのは一九八五年に坂根修氏の存在を知ってからだった。農業白書が八二（昭和五七）年度版で初めて新規参入者の具体例を取り上げたことはもちろん承知していたが、坂根氏の著書『都市生活者のための　ほどほどに食っていける百姓入門』（十月社刊）を読んでこのテーマに一挙にのめり込み、私にとっては一生の取材分野となった。

新規参入者取材の始まりについて詳しくは本書の「一一人に教えられたこと」をお読みいただきたいが、農業専門の紙誌はさておき、いわゆる一般紙の記者としては着眼が早い方だったとうぬぼれている。

いま一つは人、つまりそのテーマを社会に認識させた主役は誰だったか、ということへの関心である。故・今村奈良臣氏（東京大学名誉教授）が理論化し、法律にまでなった「六次産業化」を例に取ると、この言葉が初めて活字になったのは九七年に（財）21世紀村づくり塾が地域リーダー育成のために作った研修テキスト『農業の第6次産業化[注1]をめざす人づくり』だった。

テキストには一三の事例（八七年版テキストでは四七事例）が紹介されている。それらの組織が時代を動かしてきたのだが、中でも今村氏が「6次産業化の先輩格」と呼んだのは船方農場グループである。リーダーの故・坂本多旦（かずあき）氏と私はウマが合った、と言うより私の方がすっかり惚れ込んでしまい、二〇〇八年にはテレビの対談番組まで作った。（注2）親交の始まりになった訪問記が本書の「0円（ゼロ）リゾートの株主総会」である。

＊

長年にわたる農業取材から学んだことでぜひ付け加えておきたいのは、農業に関する限り先進的な動きは必ずしも「中央」から始まるわけではなく、しばしば地方が先行するということである。

新規参入者を支援する制度は国より先に岡山県や北海道が手を付けた。中山間地域等直接支払制度は二〇〇〇年度から国が始める前に、京都など三府県が類似の制度を設けていた。また環境支払いについては滋賀県が先駆けとなった。「中央」は思い上がってはいけない。もちろん、ジャーナリストも同様である。

（注1）今村氏は当初「第6次産業化」という言葉も使っていた。
（注2）後に活字化して『農に人あり志あり』（創森社刊）に収録。

二〇二一年　九月

岸　康彦

食と農のつれづれ草——ジャーナリストの視点から◆もくじ

まえがき　1

収穫間近の稲穂

1 あの日

11

戦争はなかった?　12　瀬戸大橋の開通　13
縮刷版　14　『沈黙の春』から三〇年　15
「米騒動」で見えてきたもの　18　学校給食のはじまり　21
一樂照雄氏の先見性　22　自給率一〇〇%だったころ　24
喜びと後ろめたさの夏　28　屈しない人たち　32

2 食の周辺 35

「塩振り三年」 36
羽田農相の差し入れ 37
無洗米の誕生 38
外食のマニュアル 39
食品は〝水〟化する？ 40
味噌汁で内食回帰 42
ホウショクとコショク 43
料理番組は不滅です 47
台所に縛られない主婦たち 51
日本で一番の学食とは 54
「一粒万倍」の楽しみ 58
四〇歳になった外食産業 62
食と農をつなぐ人たち 66

3 青年・女性・高齢者 71

一一人に教えられたこと 72
農業の新しい仲間たち 83
老年学奮闘記 86
女性が農業を変える 87

出しゃばれ!! 農村女性 89
ゲートボールを忘れた村 92
農業を選ぶ時代 95
「田舎のヒロイン」の一〇〇株運動 98
みんなで輝こう 100
歓迎、団塊さん 102

4 地域・六次産業化 107

「これっしか」 108
箸一膳に込める思い 109
種をまく人 110
元祖ふるさとクーポン 113
「ひとめぼれ」に託す夢 114
遊休農地がお宝に変わる 115
「0円リゾート」の株主総会 118
地域の「お宝探し」 121
消費者に支えられる直売所 125
直売所に農の未来を見る 129
農産物直売所が売るもの 133

5 技術・経営 137

元気印農業のための五カ条 138　組み替えトマトの野外試験 141
農業に吹く新しい風 142　社長と専務 150
コシヒカリ生みの親 152　コシヒカリ育ての親 153
せっかちな時代 154　「風のがっこう」を訪ねる 156
ほどほど農業 160

6 資源・環境 165

風景を造る 166　鶏の足は何本? 172
美しい村にはワケがある 173　農村景観の価値 176
明治神宮の森 177　失われる農耕文化の遺産 178
米カレンダー 181　参加と創造 182

生き物を指標とする直接支払い 187
「自給率一二%の日本」とは 190
緑提灯とpoco 194 トキとコウノトリに会う 198

7 食・農と人と 203

野坂昭如氏との対談「こめと私たち」 204
編著『農に人あり志あり』はじめに 219
戦後七〇年の食と農〜記者の視点から描く鳥瞰図 222
石塚克彦さんの遺したもの 236

8 自分史断章 241

夢まぼろしの四年半 242

（財）日本農業研究所創立七〇周年に当たって　248
次代の農業経営者を育てる　253
東京に作る農業経営大学校　258
二年間を振り返って　260
初めての卒業生　264
二期生を送る日　266
ジャーナリストによる戦後農政の記録　267
私たちは何を学び、伝え、記録してきたか　279

あとがき　281

にぎわう農産物直売所

•MEMO•

◆原稿は章ごとに発表年順に配列した。

◆初出は見出しの後に掲載。初出時に見出しのなかったもの（日本経済新聞「春秋」）には新しく追加した。

◆初出時の校正ミスなど原文（引用文を含む）の明らかな誤りを正すとともに、「ララ（アジア救済連盟）」を「ララ（LARA、アジア救済連盟）」とするなど、読者の便を考慮して最低限の修正をした。

◆かっこ内に入れていたよみがなはふりがなに改めた。

◆言葉づかいは原則として掲載時のままとした。例えば「コメ」と「米」、「○カ月」と「○か月」などの用字用語はあえて統一していない。

◆姓だけの人名には名前を補った。例えば「羽田農相」→「羽田孜農相」。

◆数値の表記は原則として和数字に統一し、三十四年→三四年、一万五千→一万五〇〇〇のように記した。

◆年号は原則として西暦に統一し、必要に応じてかっこ内に和暦を記した。

◆カバー、本文（中扉）の地紋は江戸期の紋様で、米の文字を入れて図案化したもの。

1

あの日

戦争はなかった？

（『日本経済新聞』一九八六年八月一五日「春秋」）

人はだれしも、忘れたい記憶と、忘れたくない、あるいは忘れてならない記憶とを持っている。終戦の日の今日、解党大会を迎える新自由クラブの河野洋平代表にとって、「新しい保守」を掲げての一〇年戦争の記憶はどちらなのか。

小松左京氏に「戦争はなかった」という短編がある。何かの拍子に転んで頭を打った男が、その夜の宴会で酔いにまかせて軍歌をがなりたてる。しかし居並ぶ旧友たちはきょとんとしている。「戦争なんてなかったじゃないか」。ぼうぜんとして本屋へ走ると、戦史、戦争小説のたぐいは一冊もない。年表を繰ってみても、何やら雲をつかむような具合なのだ。彼の記憶にあれほど鮮明な戦争は、どこかへ消えてしまった。

たまりかねた彼はプラカードを持って街頭に立つ。「戦争はあった、多くの人々が死んだ、日本は敗(ま)けた」。四、五日後、精神病院の護送車が彼を運び去る。人垣はすぐ崩れ、街はのどかな午後に戻る――。どこか魯迅の「狂人日記」を思わせるこの作品が書かれたのは、二〇年近くも前のことだ。小説と違って、今も本屋には戦争を忘れないための本があふれている。

けれども、例えば『昭和萬葉集』（講談社刊）にあるこんな歌の心を、飽食・個食時代のわが子らにどう伝えたものか。「配給になりし秋刀魚(さんま)の焼きたるを頂きにけり母の皿より」（須賀富士次）。苦しくはあったが、人みながひしと寄り添って生きた時代でもあった。「買出しのリュック下せば一家皆奥より出(い)でてわれをねぎらふ」（花田文生）。

瀬戸大橋の開通

（『日本経済新聞』一九八八年四月一一日「春秋」）

四国の春はお遍路さんの鈴の音とともにたけなわとなる。香川県生まれで農協のリーダーだった故宮脇朝男氏が、回想記の中で語っている。「早咲きのタンポポがあちこち出て、桜の花が葉桜になって、山にツツジが咲くころ、そのころが一番お遍路さんのシーズンですね。」（『宮脇朝男』楽游書房刊）

きのう瀬戸大橋が開通したことで、今年はお遍路さんの数もぐっと増えるのだろうか。八八カ所の霊場を巡る四国遍路の行程は、三七八里というから一五〇〇キロ近い。少し古い本には、貸し切りバスで回っても一九日かかったとある。もっとも今はそんな悠長な旅をする人は少なかろう。マイカーや相乗りのタクシーで駆け抜けるスピード組も結構いるそうだ。

讃岐の金毘羅さんへもこれからは瀬戸大橋コースが多くなるだろう。橋から眺める備讃瀬戸には塩飽(しわく)諸島が浮かんでいる。塩飽の水夫の腕には定評があり、幕末に太平洋を渡った咸臨丸の乗組員も七割がここの出身だった。昔、東からきた金毘羅参りの船は、塩飽の島々を縫って丸亀などの港に入った。陸に上がれば、善通寺の塔の向こうに金刀比羅宮のある象頭山が見える。

阿波の霊山寺(りょうぜんじ)を一番札所とする霊場巡りも、七五番の善通寺まできればあとひと息。札所ではないが金刀比羅宮は目と鼻の先だから、ちょっと寄り道をして、となる。金毘羅さんは航海安全の神だが、陸続きになっても旅の平安を祈って悪いはずがない。「おんひらひら蝶も金毘羅参り哉」（一茶）。

縮刷版

（『日本経済新聞』一九九〇年一月一五日「春秋」）

子供が生まれた時、その月の新聞縮刷版を買った。やがて大人になったら、自分がどんな時代に育ったかを顧みてほしいと思ったからだ。きょう成人の日を迎えた一八八万人が生まれた一九六九年は、人類の輝かしい一歩になった年だ。宇宙船アポロ11号が月面に到達し、二人の米国人が初めて地球以外の天体の土を踏んだ。

しかし一方では、チェコ共産党のドプチェク第一書記が辞任に追い込まれた年でもある。前の年、自由を求めて立ち上がったチェコ国民を、ソ連など五カ国の軍隊が弾圧した「チェコ事件」の結末がこれだった。そのドプチェク氏はいま、新生チェコの議会議長として返り咲いた。ドプチェク氏とチェコ国民にとっては、あまりにも長い二〇年だったろう。

平和と繁栄を満喫する新成人たちには、二〇年前はすでに歴史の一コマにすぎないかも知れない。しかし人間には未来だけがあるわけではない。二一世紀に向かって生きる若者たちに贈りたい言葉がある。「過去の歴史を見つめないと現在も見えないし、未来に対しても盲目になる」。ドイツ敗戦四〇周年の八五年五月、ワイツゼッカー西独大統領が行った演説の一節だ。

昨年亡くなった開高健氏の遺作「珠玉」に、小さな中華料理店の主が登場する。彼は客との話が途切れると、手近の紙切れに「走馬看花」と書いて、こうつぶやく。「これは馬を走らせつつ花を見ると読めるが、じつはあたふたとせわしいだけの観光旅行のことをいうのだよ」。あわただしい世の中ではあるが、人生を彼の言う意味での「走馬看花」には終わらせたくない。

（『日本経済新聞』一九九二年一月一九日「中外時評」）

『沈黙の春』から三〇年

「春がきたが、沈黙の春だった。（中略）野原、森、沼地――みな黙りこくっている」（青樹簗一訳、以下同じ）――レイチェル・カーソン女史の『沈黙の春』（新潮社刊）は、農薬の使いすぎでものみなが沈黙してしまった死の町の情景から始まる。

この本が出版されたのは三〇年前の一九六二年だった。農薬汚染に対する女史の警告は、今でも環境問題を考えるための出発点だと思う。

一九六二年といえば、日本は「所得倍増」を合言葉に高度経済成長の軌道に乗ったばかりのころだ。農業も同様で、前年に農業基本法ができ、産業として自立できる農業へ向けて走り出した。女史の先見性には驚くほかない。

沈黙した町は「明日のための寓話」として描かれたもので、現実に存在するわけではなかった。幸いなことに三〇年後の今日も春は沈黙せず、花が咲き、鳥はうたっている。けれども、女史の警告はますます重みを増している。

今月二五、二六の両日、鹿児島市で「合鴨（あいがも）フォーラム」が開かれる。アイガモ農法の実践家や研究者などおよそ五〇〇人が集まるという。アイガモ農法とは、水田にアイガモを放し飼いにし、稲の敵である雑草や害虫を食べさせるという変わった農法だ。ちゃんと食べてくれれば無農薬栽培も可能なので、コメの安全性に関心を持つ農家や消費者の間で評判が広がっている。

田畑を耕すのに牛や馬の力を借りたのは、はるか昔のことだ。家畜がカモに代わったとはいえ、このハイテク時代に動物を利用するなんて、と笑う人もいるに違いない。しかし、カモを天敵と考えれば話は分かりやすいだろう。

病害虫や雑草を退治するのに、農薬ばかりに頼っていればカーソン女史の警告が現実のものになりかねない。そこで農薬と昆虫、微生物などの天敵を組み合わせ、環境への影響を最小限に抑えつつより大きな効果をあげる。この方法は「総合防除」などと呼ばれ、最も進んだ技術の一つだ。完全な無農薬栽培を可能にするアイガモ農法は、ビリを走っているようで実は時代の先端を行っているのかもしれない。

それにしても、カモに雑草を食わせているようでは、規模拡大などできっこないと思う人が多いのではないか。ところが実際は逆で、規模拡大のためにもカモが有効なのだという。

有機農業をする際、いちばん労働集約的で規模拡大を妨げているのは草取りだ。暑い盛りに水田をはい回って草を取る作業はこたえる。その点、カモは放し飼いだから手がかからない。

野犬の襲撃からカモを守るため、水田の周囲の水面近くに電気柵（さく）をめぐらした知恵者もいる。試してみたらカモの脱走を防ぐ効果もあったという。牧場の柵と同じで、初期投資はかかるが後は楽になる。

こうして大きくなったカモを食用に販売しては、というアイデアも浮かんでいる。人間切羽詰まると奇想天外な工夫をするものだ。アイガモ農法などもその一つだろう。やがてコメが輸入されようという時代に、どうやって競争力をつけるか。もちろん味は大事だが、消費者は安全性にもっと関心を示している。農薬の使用を抑えることができ、しかも省力的な農法は――そこにアイガモがいたというわけだ。

昨年はゴルフ場での農薬散布がずいぶん騒がれた。各県が厳しい規制方針を出した当初はどのゴルフ場も困惑したが、その気になればけっこう減らせることが分かった。農薬をあまり使わなくてすむような土壌改良剤などの新商品も登場した。農薬規制が技術開発を刺激した例だ。

効率第一主義を捨てて見ると、意外なところに新しいビジネスの材料が見つかる。環境との共生を目指すエコビジネス（環境調和型産業）が芽生える。

カーソン女史は著書の冒頭に米国のエッセイスト、E・B・ホワイトの言葉を引いている。「人間は、かしこすぎるあまり、かえってみずから禍をまねく。自然を相手にするときには、自然をねじふせて自分の言いなりにしようとする」

ねじふせるのではなく、人間も自然の一部だと知る謙虚さが求められる時代なのだ。

「米騒動」で見えてきたもの

（『地上』一九九四年六月号「今月の視点」家の光協会）

たかが五キロか一〇キロの米を手に入れるために、早朝からデパート、スーパーの前に行列する。石油ショックの時、トイレットペーパーや洗剤を買うのに並んだことを思い出させる風景も、四月に入ってようやく落ち着いた。一過性の現象とはいえ、そこには米に対する国民のさまざまな反応がくっきりと表れた。「平成の米騒動」とは、いったい何だったのか。

三月初め、結婚して間もない娘が電話してきて、気がついたら明日食べる米がないという。共働きだから行列して買う暇はない。「コンビニで弁当でも買えよ」と叱ったものの、そこは親バカ、こっちも乏しいものを分けてやるはめになった。

こういう消費者はわが娘だけではあるまい。「食」に関して日本人はおよそ無防備な人種だと痛感する。たぶん消費者の多くは、米などいつでも好きなときに、どこかから湧いてくると思い込んでいたのだろう。米だけでなく食べ物一般についてそういう錯覚がある。

米不足の影響をまともに受けたのは、主に量販店で米を買っていた人たちだ。米をどこで買おうと消費者の勝手だが、量販店にとって客は不持定多数の一人にすぎない、はやりの言葉でいえば「顔の見える関係」ではないのである。そうであるからには、いざというときに面倒を見てくれないかもしれないことを承知しておくべきだったのだ。

輸入米がなかなか到着しないことにも国民はいらだった。これまた錯覚に基づくものだ。長らく輸入らしい輸入をしてこなかった国が、いきなり「一年だけ世界最大の輸入国になりたい」と名乗りをあげても、すぐさま希望どおりに集まるはずはない。世界に冠たる総合商社といえども、米輸入のノウハウを心得た社員はそういないのである。

最低限はっきりしたのは、世界的に穀物が過剰傾向だからといって、日本で栽培されている短粒種の米は少ないということだ。世界では長粒種こそ米生産の主流なのだ。この供給事情はそう簡単に変わるまい。これは国産米にとって大変な強みになる。

それにしても、米不足と分かってからの国産米人気には驚かされた。米がなければパンもうどんもあるのに、とにかく国産米にこだわる。日本の消費者はこんなにまで国産米びいきだったのかと、感激の涙を流した生産者も多いのではないか。

しかし私はもう少しクールに受け止めている。こだわり型と言っても、東都生協のように輸入反対の筋を通して「国産米しか扱わない」と宣言したところがあるかと思えば、足りないと聞くとよけいほしくなって買いだめに走った人もいる。こだわりが本物かどうかは、しばらく様子を見なくては判別できない。

そう思っていた矢先、細川護熙首相が辞意表明したのと同じ四月八日に、秋田市の生協が中国から無農薬米を輸入する計画を決めた。この間まで農協といっしょに輸入反対運動をしてきた生協の反乱である。

この生協は県内の農協と契約栽培して低農薬米を安定供給するはずだった。昨年、秋田県の作況はそう悪くはなかったのに、食糧庁の全国需給計画に従ってこの生協への供給も減らされた。せっかく契約していたのに、これでは組合員に対する責任が持てないというのが輸入に踏み切る理由である。みんなが我慢するのだから仕方がないと言えばそれまでだが、食管法ゆえに契約が守られなかった例はほかにもある。

米騒動の中で食管制度の存在理由が改めて問われることになった、対照的なふたつの評価がある。

ひとつは農業関係者の間に多い見方で、「凶作・緊急輸入という最悪の状況の中で混乱が短期間ですんだのは、食管制度があったからだ」という食管有用論である。確かに、国産米だけでなく生産国も品質もまちまちな輸入米まで合わせて全国民に公平に供給することなど、利益優先の民間企業にはできなかったろう。平等主義の食管法ならではだ。

けれども他方では「平時には不自由な規制があるだけ、非常時には役立つかと思ったら、政府管理米はさっぱり集まらず、肝心なときにヤミ米の高騰を妨げなかった。この一事をとっても、食管制度はますます現実ばなれしたものになった」という否定論も強い。

どちらにも言い分はあるものの、緊急輸入と米騒動が国民の不信感を一挙に増幅したことは明らかだ。

不信感の根っこを探るともうひとつ、減反政策に行き当たる。二〇年以上も無理やり減反を続けてきたほどだから、米が余っているに違いないと、国民の多数は信じていた。このところ新米穀年度への持ち越し米が乏しくなっていたことなど、専門家は知っていても飽食時代の消費者の実感とはおよそかけ離れている。「生産者に奨励金まで出して減反させながら、今になって在庫がなかったとは」と消費者が怒るのは当たり前だし、考えてみれば生産者にしても同様だ。双方とも不満一杯の減反を今のままの形で続ける手はない。平時は思い切って生産・流通を自由化しつつ、非常時の備えだけは怠らないという危機管理型のシステムに変えていかないと、食管制度は早晩、自滅するだろう。

さて今年、早場米の産地ではヤミ米業者が走り回っている。自主流通米とヤミ米の価格差がこんなに大きくては、ヤミに売る生産者を非難はできない。札束の誘惑に国も農協もどう対抗するのだろうか。N紙によると、宮崎県のある町では農協青年部が「米は全量を農協に出荷する」と特別決議をしたそうだが。


（『日本経済新聞』一九九五年一二月二四日「春秋」）

学校給食のはじまり

四九年前のきょう、東京・永田町国民学校の子どもたちは最高のクリスマス・プレゼントを受け取った。敗戦から一年余り、食料不足のさなかである。そこへ米国のララ（ＬＡＲＡ、アジア救済連盟）から救援物資が届いた。さっそく東京都などで給食を復活することになり、この学校で贈呈式が行われたのだった。

ララの代表は後に皇太子(注)の英語教師となるエスター・ローズさん、日本側からは田中耕太郎文相が出席した。学童の給食に大臣とは大げさなようだが、当時、食料はそれほどの重みを持っていた。ＧＨＱ（連合国軍総司令部）の部長はイブにふさわしく、「（この食料が）子供たちに平和と愛を伝えるでだてであってほしい」と挨拶した（『学校給食十五年史』学校給食十五周年記念会刊）。

給食の復活について日米が協議した時、ＧＨＱはコメとみそ汁の使用を提案したといわれる。コメ余りの今だったら食糧庁が二つ返事で飛びつくところだが、当時は配給米の確保もおぼつかない状態だった。配給の責任者である食糧管理局長官は「給食のためにコメを回すことは不可能。下手をするとそのコメがヤミに流れる恐れもある」と首を縦に振らなかった。

脱脂粉乳を溶かしたミルクは飲みにくかった。しかしパンとミルクの給食が、子供たちの健康維持に計り知れない貢献をしたことは間違いない。学校でのパン食は家庭の食事にも影響を与えた。歴史に「イフ（もしも）」はないことを承知で言えば、あの時、部分的にでも米飯給食が行われていたら、日本人の食生活はいくらか違ったコースをたどったかもしれない。

（注）後の平成天皇である。

（『農業』二〇〇七年二月号「巻頭言」大日本農会）

一樂照雄氏の先見性

昨年一二月、「有機農業の推進に関する法律」（有機農業推進法）が制定された。一九七一年一〇月に有機農業研究会（現在の特定非営利活動法人日本有機農業研究会）が設立されてから、推進法までに三五年かかったわけである。この機会に『一樂照雄伝』（一樂照雄伝刊行会刊、一九九六年）を読み返し、改めてその先見性に感銘を受けた。言うまでもなく、一樂氏は有機農研設立の中心人物であり、初代の常任幹事、後に代表幹事となった人である。

有機農業推進法では有機農業を「化学的に合成された肥料及び農薬を使用しないこと並びに遺伝子組

換え技術を利用しないことを基本」とする農業、と定義している（第二条）。法律の文章にすればこんなことになるのかも知れないが、そこからは有機農研発足当時の高邁な精神を読み取ることはできない。一樂氏たちが提唱したのは、「近代化の迷信に災いされた、あまりにも不健全な状態に陥っている」農業を「本来あるべき姿の農業に引き戻す」ことだった。そこには、高度経済成長の中で、経済合理主義の道を突っ走る近代農法に対する強烈な批判があった。

一樂氏が自ら筆を取った有機農業研究会結成趣意書では、経済合理主義の見地からは日本農業に明るい希望や期待を持つことは困難であるとした上で、「本来農業は、経済外の面からも考慮することが必要」と述べている。経済的見地に優先すべきものとして具体的にあげているのは「人間の健康や民族の存亡」だが、この考え方は二一世紀の今日、日本がＷＴＯ（世界貿易機関）の交渉などを通じて世界に訴えている多面的機能など、農業の非経済的価値の評価につながるものと言えよう。

こうした一樂氏の先見性は、例えば「農産物はできるだけ消費者の手近なところ、住んでいる地域ごとに供給されるべきです」という言葉にも表れている。この文章が書かれたのは一九七二年だった。昨今ブームになっている「地産地消」は八〇年代後半から叫ばれ始めたが、一樂氏はそれよりー数年も前にそのことに言及していた。

あるいはまた、一九七五年に「生活廃棄物の肥料化ということについては、わが国ほどに無関心な国は世界中に類がない」と慨嘆している。日本で生ゴミ堆肥化の機運が高まったのは、ようやく九〇年代に入ってからだった。

一樂氏は亡くなる二年前の一九九二年、「有機農業そのものは未だ萌芽期の状態にとどまっており、今後必ず発展するとの見通しも持てない」と当時の状況をやや悲観的に述べた後、「それは、毎年徐々に発展するものではなく、何か引き金になるような事象が起こったときに飛躍的に成長するであろうとは、当初から覚悟していたこと」と書いている。ようやく日の目を見た有機農業推進法は「何か引き金になるような事象」となるだろうか。

（『農業構造改善』二〇〇七年八月号「食と農の歳時記17」日本アグリビジネスセンター）

自給率一〇〇％だったころ

米集めにＭＰまで

八月は日本人にとって神聖な月である。今年ももうすぐ広島・長崎への原爆投下の日、そして敗戦の一五日が来る。その八月を前に、アメリカによる原爆投下を「しょうがない」と口走った大臣がいた。しかも長崎県選出の代議士である。いかに弁明しようと辞任に追い込まれたのは「しょうがない」ことだった。

下手な言葉遊びはさておき、このページの見出しを見て、若い読者の中には「さて、江戸時代あたりのことか」などと想像した人がいたのではなかろうか。戦争を知らない世代には無理からぬことだが、実際はそんなに歴史の彼方の話ではない。六二年前すなわち一九四五年の八月、日本の食料自給率は一〇〇％だったはずである。

自給率一〇〇％といえば、今の感覚では大いに喜ぶべきことだが、当時はそんなものではない。太平洋戦争末期、日本列島周辺には連合国軍の潜水艦がウヨウヨ。仮に食料を売ってくれる国があったとしても、それを積んだ船はたちまち魚雷の餌食にされたろう。敗戦後は買いたくても外貨の蓄えがなく、輸入どころではなかった。要するに自給するしか「しょうがない」状況だったのである。

敗戦の年はあいにく水稲の作況指数が六七、何と四〇年ぶりの凶作だった（ちなみに、それ以後の最低は「平成コメ騒動」の原因となった一九九三年産の七四である）。そんな中でも、農家は「国民を飢えさせるな」という政府の督励にこたえて「供出」に励んだ。「供出」という言葉は今や死語になってしまったが、年配の農家には生々しい記憶が残っているに違いない。食管制度が厳然と存在していた時代であり、農家には飯米以外の米を政府に売り渡す義務があった。

中には食管の網をくぐり、ヤミでひともうけたくらんだ農家もいたことは事実だが、やがて政府は「強権供出」と称し、ジープに乗ったＭＰ（アメリカ陸軍の憲兵）の力まで借りて米の確保を図った。人呼んで「ジープ供出」。ピストルをチラつかせても米をはき出させようというのである。

毎日が肉なしデー

都会の消費者はさらに深刻だった。日本を占領していた連合国軍の総司令部（ＧＨＱ）がまとめた『占領第一年における日本の食糧事情』という冊子に、東京の様子が載っている。敗戦から一年もたっていない四六年三月のデータである。

まず「主要食糧」は一日二九七グラムとある。年間に直せば一〇八キロ余り。こう書くと、「え、戦争に負けてもそんなに主食を食べていたの？」という声が聞こえてきそうである。確かに、今の日本人は米を年間六一キロしか消費していない。

しかし、「主要食糧」と言っても米はごくわずか。麦、イモ、雑穀、殻粉などをひっくるめての一〇八キロなのである。例えば一見赤飯かと思えるおにぎりが、実は大量のフスマを混ぜたものだった、などという記録もある。念のため記せば、フスマとは小麦を製粉する時に出る皮のくずであり、普通は家畜のエサぐらいにしかならないものである。

「主要食糧」以外には魚二〇グラム、青果物七五グラムと味噌、醬油、塩、食用油が出てくるだけで、肉や牛乳は全く見られない。以上を全部合わせて熱量を計算すると一一三二キロカロリー。日本人の現在の摂取熱量は一九〇二キロカロリー（二〇〇四年）だから、たったの六割でしかない。今がいかに飽食の時代だからといっても、六割はあまりにひどすぎる。

この数字は、やはり死語になった「配給」の量である。国からの「配給」だけではとても生きていけないから、消費者の家では仕事を休んで農村へ「買い出し」に行った。なけなしの衣類や時計、カメラなどを農家の飯米などと交換するのである。思い出のこもる品を一つまた一つと持ち出しては食べ物に換える暮らしを、一枚一枚皮をはいでいくタケノコになぞらえて「タケノコ生活」とは、ピッタリではあるが悲しすぎる比喩だった。

危うし「選択の自由」

六二年前に一〇〇%だった自給率はいま四〇%。消費者は国産品も輸入品も思いのままに選択できる。国産品しかなかった時代に比べ、消費者は重要な権利の一つである「選択の自由」を謳歌している。消費者はいつも「王様」とおだてられてきたが、今度こそそれが現実になったかに見える。しかし本当にそうだろうか？

日本経済が高度成長期に入るころまで、輸入品を口にすることは、それだけで最高のぜいたくだった。私は当年とって七〇歳だが、同世代から上の人々であれば、子どものころ、カゼを引いたりした時にバナナを買ってもらった嬉しさを、死ぬまで忘れることはないだろう。輸入品のバナナは病気など特別の日にだけありつけるごちそうだった。

時は移り、事態は様変わりした。国産品も輸入品も――消費者は言ってみれば両手に花である。しかし日本農業が後退に後退を重ね、やがて国産品がゼロになったとしたら、消費者は輸入品しか買えなくなる。言い換えれば「国産品を選択する自由」を失うことになるだろう……。

などと言っても、出来損ないのブラックジョークと受け取られるのがオチかも知れない。しかし、よくよく考えてみていただきたい。もうすでに「自由な選択」ができないものがあるではないか。さよう、大豆である。食料需給表によると、大豆の自給率は二〇〇五年に前年比二ポイント上がったものの、それでもなお五％にすぎない。米の転作作物として政府もＪＡ（農業協同組合）も懸命に生産増加を呼びかけていてこの有様である。

つい先日も、生協から「農家と味噌用大豆の契約栽培をしませんか」という案内があった。同様な生産者・消費者の提携はあちこちに見られる。大豆に関しては、消費者は自ら行動しないことには「選択の自由」を確保できなくなっている。

喜びと後ろめたさの夏

（『技術と普及』二〇一一年七月号
「食と農のつれづれ草12」全国農業改良普及支援協会）

変わりのない菜園だが

庭の片隅の菜園に春菊が育ち、二十日大根が芽を出した。カボチャの蔓も日々伸びている。バケツ稲の田植えも終わった。やがてゴーヤが茂り、格好の日よけになってくれるだろう。ミニ菜園とはいえ、今年もまた草取りに追われる夏の到来である。

耕して、堆肥を入れ、種を播く。苗が育てば定植する。昨年と何の変わりもない作業である。しかし今年ばかりは、変わりのない日常こそが最上の喜びと感じられる。

東日本大震災と東京電力福島第一原発の事故で、丹誠込めて育てた作物が全滅した人たちがいる。水田が海水をかぶって稲を植えられない人たちがいる。放射能汚染への警戒から、家族同様の家畜を置いたまま避難せざるを得なくなった人たちがいる。そうした農家の無念を思う時、安全地帯に身を置く者としては、変わらないことのありがたさを噛みしめつつも、同時に後ろめたさを覚えずには居られない。

振り返れば、私たちは第二次世界大戦後、いつも変わろうと努めてきた。変化は成長の源泉であり、成長が幸せをもたらすと信じていた。六月号で取り上げた農業基本法の時代は、おおむねそれに重なっている。とりわけ制定当初の一九六〇年代は、今日より明日が良くなることを疑わないで生きられた時代である。

経済の高度成長が始まっていた。六〇年に政府が決めた国民所得倍増計画のもと、サラリーマンの給料は年々上がった。カラーテレビをはじめ魅力ある商品が次々に登場し、誰もが暮らしの豊かさを実感できた。六四年の東京オリンピックに世界中からやってきた人々は、開業直後の東海道新幹線に躍動する日本を見た。六八年、GNP（国民総生産）はアメリカに次いで世界第二位となった。そのころ大人気だったテレビコマーシャルは森永エールチョコレートの「大きいことはいいことだ」だった。

そしていま、食料・農業・農村基本法の時代は……。

不安を増幅する「想定外」

元首相の細川護熙氏が、英国のある思想家・詩人が約四〇年前、日本の将来について次のように警告したことを記している。

「経済的な大打撃、超インフレ、深刻な不況などが、日本を救済する神の恩寵になるかもしれない。残酷なことだが、破滅的な地震もその目的を果たすかもしれない。誰も彼も皆ゼロから再出発しなければ、精神的文化的な立ち直りはできないだろう。」（かがり火発行委員会『かがり火』二〇一一年四月号、傍点は岸）

驚くべき予言というほかない。細川氏はこの言葉を、ある経済団体の今年の新年会で披露したという。細川氏もまた、日本の今の姿に危機を察知していたのだろう。

漠然とした不安は多くの日本人が感じていたのではなかろうか。哲学者の内山節氏は〇九年に出した

『怯えの時代』（新潮社刊）で、「今日の私たちは、『次第にたちゆかなくなるかもしれない』という不安をいだいているような気がする」と述べ、さらに次のようにも書いている。

「私たちの時代は急速に不安な時代へと移行している。自分の身の回りの不安、国家レベルの不安、地球レベルの不安が現実化するときを待っているような、そんな時代である。」

原因が分かっていれば、あるいは結果が見通せれば、不安はよほどやわらぐ。しかし「3・11」以降、「想定外」という言葉が「乱用」と言いたくなるほど多用された。その最たるものが原発の事故である。

地震や津波が時に「想定外」であることは、自然という存在の大きさからして致し方ない面もある。しかし、人間が作った原発については、少なくとも当事者の口からはそう言ってほしくない。大気汚染がなく、発電コストも安いとされてきた原発だが、短期的にはそうでも、長期的には途方もないツケを後世に回すリスクが大きいと、かねがね指摘されていたのではなかったか。

何一つ責任のないことで避難区域に組み入れられたり、風評被害に遭った人々の怒りは、察するに余りある。

国民の財産として復興を

年甲斐もなく少々カッとなってしまったが、被災地への支援の輪が広がる中で、徐々にではあるが復興への動きも出て来た。震災前の姿に戻す「復旧」か、より創造的な地域づくりをする「復興」か、といった議論もあるようだが、現場ではあまり意味があるとも思えない。

暮らしと仕事の「復旧」と同時並行で、より良い地域のための「復興」を進める以外にない。何より肝心なのは、困難な中でも地域住民が自らの手で地域の将来像を描くことだと思う。

私もある新聞に、農地を中心として復興への提言を書いた。以下、要点を記す。

①各市町村で都市的地域と農業地域を明確に線引き（ゾーニング）し、農地の虫食い的転用を排除する。

②被災地域の農地をいったん公的機関（例えば国）で買い上げ、再整備した上で、買い入れ原価またはリース方式で営農希望者に再配分する。

③再配分に当たっては交換分合（ぶんごう）方式により、できるだけ一戸分を一カ所に集約する。

④災害で力尽きた離農者の農地は既存農家の規模拡大や新規参入の用地に振り向ける。

⑤再整備の際には生物多様性や景観に配慮し、緑地やビオトープを設けるなど、誰にも親しめる田園づくりをする。

実のところ、①から④までは決して目新しい提案ではない。これを機に企業をどんどん参入させたいと願う向きにとっては、特に④など大賛成に違いない。

しかし、私の思いは⑤にある。大胆な復興計画を立てるのであれば、農業地域を農家以外の住民にも身近なものとし、農地が国民共有の財産であることを実感できる場にしたいのである。

四月号で私は、農地を対象とする新しい直接支払制度を提案したと書いた。その根拠は、農地が単なる「農業生産工場」ではなく、まさに国民の財産であることだった。災害からの「復興」が、そのことを国民に知らせる契機になればと願っている。

屈しない人たち

（『農業』二〇一七年九月号「巻頭言」大日本農会）

七月末、ジャーナリスト仲間二人とともに、熊本県南阿蘇村の（有）木之内農園を訪ねた。神奈川県の非農家に生まれた木之内均氏（現会長）が、およそ三〇年かけて築いた観光イチゴ園である。昨年四月の熊本地震から一か月半後に、見舞いかたがた取材して以来の訪問だった。

村上進社長の案内で農園に着くと、想像もしなかった光景に目を疑った。地震による断水で放置するほかなかったハウス群の周辺に、岩石や土砂がハウスをしのぐほどの高さに積み上げられている。そんな山がいくつもあって、もはや農地に戻すのは無理ではないか、と思わせるほど無残な姿である。

阿蘇での観光イチゴ園の草分け的存在である木之内農園は、南阿蘇村の北西部、国道五七号沿いにある。借地を主体に経営を拡大し、米やジャガイモの生産もしてきた。震災ですぐ近くの阿蘇大橋が崩落し、国土交通省が五年がかりで新しい橋の建設工事に取りかかった。その際、工事現場から出る残土の置き場などとして、木之内農園の土地の実に七割が使われることになった。地主と違って借り手の木之内農園に補償はない。復旧のために致し方ないこととは言え、まさに想定外の痛手である。

震災後は別の地域に観光イチゴ園を開設する一方、近隣農家や山口県の提携農場から仕入れたイチゴの加工で急場をしのいでいる。以前から評判の良かったジャムは、観光客はもちろん、応援の気持ちを込めて遠隔地からも注文があり、イチゴ園の来客数が震災前には及ばない中で、経営を支える柱になっている。

東日本大震災以来「復旧から復興へ」という言葉がよく使われるが、南阿蘇村の現実はまだ「復興」にはほど遠い。そういう厳しい環境に置かれながらも、村上氏は、ＪＩＣＡ（国際協力機構）から受託した海外展開支援事業のため、近くインドネシアへ出かけると語った。イチゴの無病苗生産が事業化できるか、事前調査をするのだという。

古参社員の吉村孫徳氏は、震災直後に地元の人たちが立ち上げた「南阿蘇ふるさと復興ネットワーク」の事務局長として、ボランティアの受け入れや農地の修復などに大活躍している。木之内農園が管理を委託されている村営温泉施設「憩いの家」は湯の供給がストップしたままだが、ネットワークではここを「復興ミュージアム」と名づけて震災写真展を開くなど、情報発信に努めている。

「憩いの家」の館長でもある片山秀治郎氏は、北海道で育成された夏イチゴの栽培試験に挑戦している。昨年開始の予定が地震のため一年遅れたが、成功すれば農園に新商品が加わることになる。

三人はいずれも木之内農園の魅力に惹かれて阿蘇へやって来た脱サラ就農者である。逆境に屈せず前を向いて進む人たちに、私の方が大いに励まされた。

2

食の周辺

「塩振り三年」

（『日本経済新聞』一九八六年四月四日「春秋」）

一日の本紙夕刊に、フランスのレストラン案内書として名高い『ミシュラン』八六年版の紹介記事があった。一五人の覆面調査員が徹底的に食べ歩いての評価を星の数で表すのだが、最高の三つ星を付けられたのはフランス中でたったの二〇店しかないというから、これは相当な難関である。

レストランの語源には「元気を回復する」という意味があるそうだ。三つ星クラスの店ともなればの料理を食べてもリフレッシュできるだろうが、名だたる料理人の一人、レーモン・オリヴェが書いた『コクトーの食卓』（講談社刊）によると、何よりも元気を回復させてくれるのはたっぷり煮込んだスープだという。スープのように単純そうな料理にこそ、店と料理人の差が出る。オリヴェに言わせれば、「一番簡単にできるように見える料理が、本当は案外一番むずかしい」からこの道は奥が深い。

例えば目玉焼きである。オリヴェは熱した磁器の皿にバターを引いて目玉焼きを作るのだが、味つけの塩は卵を落とす前の皿に振る。黄身の上に塩がかかると小さな白い斑点ができてしまうからだ。塩の一振りをおろそかにしてはいけない。帝国ホテル常務料理長の村上信夫氏がさる人と対談した時、「私のところの料理人は塩を振らせてもらえるまでに三年かかる」と語っていたのを思い出す。

塩の大切さはサラリーという言葉にも残っている。サラリーとは、ローマ帝国時代、塩（サール）を買うために兵士に与えた金からきたとも、給与の一部を塩で支払ったからとも言われている。よく知られているように、塩には対比作用といって、少量用いると他の味を引き立てる働きもある。まさに「味は塩にあり」だが、あいにく料理と違ってサラリーマンの社会では、我こそ引き立て役とすましていては星一つもおぼつかない。

(『日本経済新聞』一九八六年七月二五日「春秋」)

羽田農相の差し入れ

先週開かれた米価審議会に、羽田孜農相から差し入れがあった。羽田さんの地元・信州の名物「おやき」だった。小麦粉を練って伸ばし、いためた野菜や野沢菜漬けなどを包んで蒸し焼きにしたものだ。緊張していた米審の空気が、「おやき」を食べてほっとなごんだ。

生産者麦価を審議したその日の米審では、国内産小麦の消費の伸び悩みがひとしきり話題になった。うどんには最適とされてきた国内産小麦だが、近ごろはオーストラリア産小麦の質が良くなり、どうも分が悪い。水田転作で増えてきた麦も、使い道がなくては早晩行き詰まる。羽田さんはそれを心配して、身近な小麦粉製品を見直そう、という気持ちを「おやき」に託したのではなかろうか。

前々から国内産小麦や玄米でパンを作っている神田精養軒の望月継治社長に言わせれば、使い道がないなんてとんでもない。例えば水でといて薄焼きにしたクレープ。これにサラダでもきんぴらごぼうでも、あるいは納豆、ヒジキなど、何でも包んで食べてみてごらんなさい。ほら、意外によく合うでしょう。これが私の朝食です。

北海道帯広市のレストラン「ランチョ・エルパソ」では、特産のジャガ芋入り「芋パン」を食べさせる。経営者の平林英明さんが、インド式のクレープともいうべきチャパティにヒントを得て考案した。そういう目で、いま刊行中の『日本の食生活全集』(農文協刊)などめくって見ると、伝統食品の中にさまざまな知恵がひそんでいる。

(『日本経済新聞』一九九一年八月二五日「春秋」)

無洗米の誕生

コメは「とぐ」のか「洗う」のか。こういう説明を聞いたことがある。昔は精米機の性能が悪く、ヌカが残っていたからとぐ必要があったが、今はさっと洗うだけで十分、と。けれども近ごろの若い女性たちは、とぐどころか洗うことさえ敬遠するそうだ。「そんなことしたらマニキュアがはがれてしまう」などとのたまうらしい。

それならと、コメの卸売業者団体が精米機メーカーと共同で「完全精洗米(注)」という新商品を開発した。別名「といであるおコメ」。精米のラインに一工程加え、表面のヌカを水で洗い落としてから乾燥、真空包装したものだ。このコメを炊飯器に入れ、水加減をすれば準備完了。あとはたきあがるのを待つだけだ。試食してみたが、当然ながら普通のご飯と変わりがない。

コメのとぎ汁は庭にまけば草木の栄養になる。しかしマンション暮らしではとぎ汁をまく庭がない。下水に流されるとぎ汁は家庭排水の一部となって河川を汚す。全国の台所から出るとぎ汁の量は、年間少なくとも一億トンという説さえある。とぎ汁を出さないコメは女性の手にやさしいだけでなく、環境にやさしいエコロジー商品でもある、という触れ込みだ。

戦前「年に一人一石（一五〇キログラム）」といわれたコメ消費量が、今ではわずか七〇キロ。マニキュアの似合う若い女性は、コメばなれがいちばん激しい世代でもある。なんとか彼女たちに愛されたいと、三年がかりで開発したのが「精洗米」。秋には一般にお目見えするという便利なコメ、「やさしさ」を売り物にコメ復権に一役買えるだろうか。

（注）現在の「無洗米」である。

（『日本経済新聞』一九九三年一月二四日「春秋」）

外食のマニュアル

「マクドナルドのウエートレスは笑い方までマニュアル（手引書）通り」――昨春、北京にマクドナルドが開店してしばらくたったころ、現地で聞いた言葉だ。マクドナルドに限らず、有力外食企業の接客マニュアルには定評がある。米国や日本なら珍しくもないが、北京っ子たちはさぞかし目を丸くして驚いたことだろう。

しかし過ぎたるは及ばざるがごとし。東大名誉教授・木村尚三郎氏が外食産業総合調査研究センター編『日本の食文化と外食産業』の座談会で、ファミリーレストランでの経験を披露している。ウエートレスが隣席へ注文を取りにきた。コーヒーを頼んだ客はその後、トイレか電話にでも立って席をあけた。そこへコーヒーを持ってきた彼女は、だれもいない席に向かって「お待ちどおさまでした」。茶店や屋台から始まったとされる日本の外食が「産業」の仲間入りをしたのは、米国仕込みのマニュアルのおかげだった。しかし、せっかくのマニュアル教育もこれではロボットか自動販売機の方がまし、という気分になる。今の時代、消費者は心のこもったもてなしを求めている。このところ外食産業が伸び悩み、曲がり角と言われる一因はこのあたりにもありそうだ。

同センター理事長の森實孝郎氏はサービス業繁盛の秘けつをABCにまとめている。Aはアメニティー（快適さ）、Bは質と価格のバランス、そしてCはコンビニエンス（便利さ）。このうちCはコンビニエンスストアにかなわない。その証拠に、外食の強敵はコンビニで売っている弁当やそうざいだ。とすれば、残るよりどころはAとBということになるのだが。

（『日本経済新聞』一九九四年七月三〇日「春秋」）

食品は〝水〟化する？

アジア大陸の気候は何よりもモンスーン（季節風）に左右される。モンスーン気候の特徴を要約すれば、降水量が季節ごとに著しく偏ること、おまけに年によっても大きなばらつきがあること、の二点だという（真勢徹『水がつくったアジア』家の光協会刊）。むら気なモンスーンが日本をカラカラの夏にしてしまった。

おかげでうけに入っているのは銘水（ミネラルウォーター）業界だ。かつて「安全と水はタダだと思っている」と外国人に不思議がられた日本人だが、水に関する限りこの言葉はもうあてはまらない。わが家の冷蔵庫でも銘水のボトルが常連になった。しょうゆメーカーが「手間ひまかけたわが社の製品より水の方が高く売られていたりする」と嘆くご時世である。

以前は大部分がバーなどでウイスキーを割るのに使われた銘水だが、一九八三年に家庭向け紙パック製品が売り出されて大ヒット。一〇年余りたった現在、日本ミネラルウォーター協会によると国産だけで一五〇ないし二〇〇もの銘柄がひしめき、それに輸入品の約三〇銘柄が加わるというにぎやかさだ。合わせて年間四一万トン。業務用と家庭用の消費量は完全に逆転した。

「食品は限りなく〝水〟化する」という仮説を立てた人がいる（加藤純一『現代食文化考現学』三嶺書房刊）。生活が豊かになるにつれて食べ物はより軽く、軟らかくなり、液体に近付く、というのである。清涼飲料やドリンク剤のはんらんぶりを見ると、なるほどそうかとも思えてくる。銘水ブームも〝水〟化現象の表れなのか、それとも単に水道の水がまずいだけなのだろうか。

味噌汁で内食回帰

（『ニュースレター』二〇〇〇年七月一日号
「リレーエッセイ」良い食材を伝える会）

定年すぎてからの再就職で単身赴任中というと、決まって「食事が大変でしょう」と聞かれる。新聞社からアカデミズムの世界へ入って、今でもカルチャーショックの連続だから、初めはさすがに神経が疲れた。食事の支度どころではなくて、弁当や惣菜を買いにデパートへタクシーを飛ばしたことが何度もある。一九七九年に一カ月だけ単身生活をした時に比べ、このごろの中食は実によく出来ている。しかし、どんなにおいしいものでも、二度三度と食べればやっぱり飽きてくる。いつの間にか、自分でも意外なほどこまめに台所に立つようになった。

そのきっかけは味噌汁作りを覚えたことである。何しろ忙しいから、いろいろな料理を作っているわけにはいかない。しかし厚生省が「一日三〇品目を目標に」と呼びかけていることは知っている。その目標に一挙に近づく決め手が味噌汁だった。

単身赴任といってもしょっちゅう松山と東京を往復しているが、松山に三日以上続けて居る時は、何はおいてもまず鍋に山盛り（と言いたいほどの量）の味噌汁を作る。薄味にしておいて、それを欠かさず食べるのである。

「具だくさん」という言葉があるが、私の味噌汁はそんな上品なものではない。とにかく何でも放り込む。例えば今朝の味噌汁には、ダイコン、キャベツ、タマネギ、ジャガイモ、ゴボウ、ニンジン、豚肉、ワカメ、即席とうふ、それに昨夜食べたイカの刺身の残りまで入っていた。味噌汁というより、味噌仕立てのごった煮といった趣である。

味噌汁のほかに最近はもう一品、妻に教わったコールスロー風サラダ（?）が加わった。キャベツとニンジン、キュウリを刻み、干しブドウを落としてコールスロー・ドレッシングで和えれば完成。これまたどっさり作って毎回食べる。

年齢のせいかほとんど三食ご飯ばかりだし、梅干し、たくあん、キムチ、納豆、ヨーグルトなどは常備してある。これはまるで、政府が三月に決めた「食生活指針」の模範みたいな食卓ではないか、などとひそかに自己満足している。

（『農業構造改善』二〇〇六年一一月号
「食と農の歳時記8」日本アグリビジネスセンター）

ホウショクとコショク

変わる食のキーワード

新刊本にはたいてい、その本の宣伝文句などを記した「帯紙」が巻かれている。私事で恐縮だが、一九九六年一一月に『食と農の戦後史』（日本経済新聞社刊）という本を書いた時、帯紙には「飢えから飽食への五〇年」というキャッチフレーズを使った。「飢え」と「飽食」が拙著のキーワードだったのである。

あれからちょうど一〇年、その間に日本の食はどう変わっただろうか。食料・農業・農村白書は依然として「今日では飽食ともいうべき食の豊かさを享受している」と書いているが、本当にそうなのか。近ごろは同じホウショクでも「呆食」とか「崩食」とか呼ぶ専門家が増えているらしい。白書の食生活に関する記述を読んでも、確かにその方がふさわしいように思えてくる。

「飽食」という言葉は「暖衣飽食」などというように昔からあるが、では「呆食」や「崩食」はいつごろから使われるようになったのか。「日経テレコン21」（日本経済新聞社のデータベースサービス）で新聞記事の検索をしてみた。対象は朝日、毎日、読売、日本経済の四紙である。検索可能期間には制約があるし、もちろん新聞に出るより前に使われていたことも十分に考えられるが、時代を知るための一つの目安にはなるだろう。

「呆食」という言葉が初めて見つかったのは一九九六年四月七日の『毎日新聞』だった。古代食の研究者である永山久夫氏が「長寿・若返りの食入門」の中で、旬の食べ物の良さを忘れて「世界中の食糧資源を食い散らかしているとしか思えない現代日本人の食べ方を見ていると、〝飽食〟どころか〝呆食〟になってしまったような気がしてなりません」と書いている。

飽・豊・呆・放・亡・暴

面白いのは九八年七月三日に『朝日新聞』の「声」欄に載った投書である。投書者は青森県の食堂経営者で、親子の触れ合いがない食事の様子を述べたうえ、「飽食、豊食、呆食、放食、亡食、暴食が今の世の常」と類似の言葉を何と六つも並べている。少し補足すれば、「豊食」とは、伝統食の研究者・島田彰夫氏によると、飽食の時代以前の、穀類と豆類を主体に人間の食性とよく調和した食生活を指す

（『伝統食の復権』東洋経済新報社刊）。そして「放食」は、「食をないがしろにする」「台所仕事を放擲（ほうてき）する」「食べ残しを簡単に捨てる」などさまざまに解釈できる。しかし、この投書にも「崩食」は出てこない。

「崩食」の方は、二〇〇〇年一一月二日の『朝日新聞』（西部本社版）が最初だった。新聞記事で見る限り、「呆食」とは若干の時差があったようである。この記事では農民作家の山下惣一氏が、あつあつの麦飯に冷汁をかけて食べる冷汁飯が昔ほどうまくないのは、当時の原材料がすべてホンモノだったからだ、と述べ、「飽食の時代は『崩食の時代』でもあるわけで、ホンモノが食べられない」と嘆いている。

翌二〇〇一年八月には『毎日新聞』が「崩食の風景」という連載記事を掲載した。七回にわたって、今で言う「食の乱れ」現象が紹介され、後に読者の投書を集めて連載したほど大きな反響を呼んだ。ここに次々と登場する荒涼たる食卓の風景（と戦前生まれの私には思われる）は、二年後の二〇〇三年に岩村暢子氏が『変わる家族変わる食卓』（勁草書房刊）で描いた衝撃的な食の姿とほとんど変わらない。それはまさしく「内食の崩壊」である。

先の島田氏によると、戦後の食生活は高度経済成長を背景に、一九六〇年ごろまで＝豊食、八〇年ごろまで＝飽食、二〇〇〇年ごろまで＝呆食、それ以後＝崩食と変化してきた（「身土不二の思想」藤原書店・季刊『環』第一六号）。この区分に従えば、九六年になっても帯紙に「飽食」と書いていた私なんか、情けないが一五年ぐらい遅れていたことになる。

真の豊かさとは何か

さて現代の食を象徴するもう一つのキーワード群は「コショク」である。

拙著ではデパートの「個食パック」についてだけ触れたが、今にして思えば、「個食」と「孤食」の違いぐらいはきちんと書いておくべきだった。どちらも八〇年代早々には新聞にお目見えしていたのである。しかも記事の一つには、女子栄養大学の足立己幸教授が、その一〇年以上も前から個食の危険性を訴えていたとある。

あれこれ調べているうちに、コショクといっても以下のようにいろいろあることが分かった。

個食＝家族が同じテーブルについても、食べるものはバラバラ。

孤食＝家族が別々の時間にめいめい一人で食べる。単身赴任者の食事を指すこともある。

固食＝好きなものばかり食べる。子どもの好みに合わせ、いつも同じような献立になる。

小食＝ダイエットのため食事量を控える。

子食＝両親は不在、子どもだけで食事をすること、または子ども中心の献立。

粉食＝パン、スパゲッティ、めん類など。時にはケーキの類も「食事」になる。

戸食＝コンビニやファストフード店で買ったものを戸外で食べる。下校時や塾の帰りなどに見られる風景。

五食＝午前、昼、午後、夕方、深夜の五回食べる。

「戸食」と「五食」は、『朝日新聞』一九八五年一二月二九日の「風俗（八五年世相語年鑑）」という記事で初めて知った。この記事によると、広告代理店最大手の電通はすでにこの時点で、これから（つまり八〇年代半ば以降）の食生活では五つの『こ食化』（個食、孤食、子食、戸食、五食）が進むと予想していた。さすがと言うべきか。

一人一人が好きなものを、好きな時に食べられることは、豊かな食生活の一面ではある。しかし、そうした「豊かさ」とは別に、人間は家族そろって家庭の味を食することで、計り知れないほど多くのことを身につけるのだと思う。ホウショクやコショクは、本当の豊かさとは何かを改めて考えさせてくれる。

（『農業構造改善』二〇〇七年一一月号
「食と農の歳時記20」日本アグリビジネスセンター）

料理番組は不滅です

放送時間の三割占める

人間は生きるために食べなくてはならない。だから食べ物に興味を持つのは当たり前だが、それにしてもテレビを見ていると、食に関する番組の多さに驚かされる。いったい食関連の番組はどれくらい放送されているのだろうか。

最近出た『フード・マイレージ』（日本評論社刊）という本で著者の中田哲也氏が、テレビの番組表から食関連番組の放送時間を集計したデータを報告している。対象は東京のＮＨＫ総合と民間放送五局、期間は今年一月の一週間である。

それによると、総放送時間は五局合わせて六万時間弱、そのうち食関連番組は一万八〇〇〇時間弱で、全体の二九・九%に達した。この中には料理番組やグルメ番組のように食それ自体をテーマとしたもののほか、番組の一部に食が出てくるものも含まれるが、とにかくやたらと多いことは実感できる。

この盛況は今に始まったことではない。朝日新聞記者時代に長く食生活を担当し、高齢社会を先取りした連載記事「男子七〇にして厨房に立つ」で評判を取った村上紀子さん（元女子栄養大学教授）が、一九九五年四月の一週間に調べた結果を聞いたことがある。それによると、首都圏の七チャンネルでレギュラー番組が八六本、単発が四五本、合計一三一本もあった。首都圏でテレビのスイッチを入れれば、平均して毎日二〇本近い食関連番組がどこかのチャンネルで流れていたのである。

中田氏の調査結果は放送時間で示され、村上さんの方は本数で集計しているから直接比べることはできないが、九五年から今年までの一二年間に増えこそすれ減っているとは考えにくい。もちろん食関連番組は首都圏の放送局だけで作られているわけでもない。ご用とお急ぎでない方は、ためしに二、三日分でも調べてみたら、意外な発見があるかも知れない。

「きょうの料理」の半世紀

食関連番組にもいろいろあるが、何と言っても本流は料理番組である。正面切って料理番組と銘打っていなくても、例えばわが女房が欠かさず見ている「ためしてガッテン」（ＮＨＫ）なんか、料理番組の変形版ではないかと思えることが少なくない。

数ある料理番組の中でも、本命がＮＨＫの「きょうの料理」であることに異存のある人はいないだろう。一一月四日、「きょうの料理」は放送開始から五〇周年を迎える。人間で言えば熟年というところだが、最近も担当の男性アナウンサーがダジャレのうまさ（?）で人気者になるなど、相変わらず根強い支持を得ている。

とはいえ、やはり半世紀ともなると、時代に応じてそれなりに模様替えしてきたことも事実である。初めは五人前ずつ用意した食材を、六五年からは四人前に減らした。核家族化が進み、世帯当たりの平均家族数が四人を切ったからである。女性の社会進出などで男性が厨房に入る機会が増え、担当アナにも男性が登場した。

誰もが忙しい現代、料理にかける時間も短くなる。六七年の「スピード料理」特集がそのはしりである。以後、七四年「三〇分でできるおかず」、八〇年「朝食を一〇分でつくる」「三〇分以内で夕食づくり」と時間短縮され、九五年にはついに「二〇分で晩ごはん」となった。

テレビの場合、放送時間の制約で事前に下ごしらえをしておくことが多いが、「二〇分で晩ごはん」シリーズはご飯こそ炊いてあるものの、だしを取り、野菜や果物の皮をむくのも時間のうち。もちろん一品では晩ごはんにならないから、少なくとも一汁二菜をこしらえる。いかに腕利きの講師とはいえ、時間が迫ると見る方も緊張した。

そして今はどうだろう。元祖「きょうの料理」以外に「きょうの料理プラス」と「きょうの料理ビギナーズ」が加わって三枚看板になった。後者はまさに初心者向けで、例えば一〇月のテーマ「パスタと麺をおいしく！」は、パスタ、うどん、そばのゆで方にそれぞれ一回を充てている。

家庭の味を守る

「きょうの料理」のホームページに、年代ごとの「懐かしのレシピ」が掲載されている。「かきのカレーライス」に始まる一〇〇種類のレシピを見ると、この長寿番組が戦後日本の家庭の味にどれほど影響を与えてきたかがよく分かる。

講師の常連だった土井勝氏は「おふくろの味」という言葉の生みの親とされる。便利さを求めるあまり家庭料理が忘れられ、調理済みでパッケージされた「袋の味」ばかりがもてはやされるのに抵抗し、家庭料理のぬくもりにこだわり続けた人である。九五年に亡くなった時、記者時代に親交のあった村上さんはこう書いて土井氏を追悼した。

「『鉄人』だ『巨匠』だとプロの料理人の華やかな時代にも、土井さんは最後まで地味な家庭料理に徹した。家庭の料理離れに、歯止めをかけてきたのではないだろうか」(『朝日新聞』一九九五年三月九日)。

「きょうの料理」と並ぶ料理の長寿番組としては、一九六三年に日本テレビ(NTV)で始まった「キユーピー3分クッキング」がある。改めて調べてみたら、同名の番組は中部日本放送(CBC)でも制作しており、放送開始は後者の方がほんの少し早いらしい。それはともかく、NTVで初回からこの番組の制作に当たった中村寿美子さんは、九五年に放送が一万回を数えた際、記念番組の献立にハンバーグとポテトサラダを選んだ。

「ご飯に合い、経済的で、和・洋・中の味つけや素材の組み合わせが自由にできる。これほど食卓に定着したおかずはほかにありません」(『毎日新聞』一九九五年八月一七日)と中村さんは言う。テレビ時代が生んだ戦後派家庭料理の定番である。

さて、あなたの家の定番は何だろうか。

台所に縛られない主婦たち

（『技術と普及』二〇一〇年八月号
「食と農のつれづれ草1」全国農業改良普及支援協会㈳）

達成不能な食育の目標

「食育」という言葉に、どうも今ひとつなじめない。二〇〇五年に食育基本法ができた時から、「食」だけでなく「農」を加えて「食農教育」と呼ぶべきではないか、という思いがあった。そもそも食育とは法律をバックに「国民運動」として進めるべきことなのか、という疑問も吹っ切れていない。とは言うものの、もはや飽食の時代は過ぎて「崩食」ないし「呆食」の時代かと危ぶまれるこのごろ、何らかの国家的誘導があってもおかしくはないか……などと気持ちは揺らぐ。

それはさておき、食育をめぐる動きはますます盛んになっている。国や地方自治体、公益法人、NPO（非営利組織）などのほかに企業も熱心である。インターネットで食育活動を紹介しているサイトがあったのでのぞいて見たら、企業が六八社も出てきたのにビックリ。日本中で食育花盛りというところだ。しかし、それにしては、内閣府が公表した五回目の食育白書を見ると、国民の間に食育意識がどこまで定着したか、かなり怪しいところがある。

基本法に基づいて策定された食育推進基本計画は、五年後の今年度が目標年次である。計画では例えば「食育に関心を持っている国民の割合」は策定時の六九・八％を今年度中に九〇％以上に高める、など合計一二の数値目標を掲げている。ところが、期限が迫ったこの段階で目標に到達しているのは四項目しかない。

それどころか、「朝食を欠食する国民の割合」のうち「二〇歳代男性」は、二九・五％を一五％以下に減らす目標に対し現在は三〇・〇％、「三〇歳代男性」も二三・〇％を一五％以下にするはずが二七・七％と、どちらも逆に増加している。

また「『食事バランスガイド』等を参考に食生活を送っている国民の割合」は、五八・八％を六〇％以上に高める目標が実際は五〇・二％とかえって低下した。「国民運動」と気負ってみたものの、目標の完全達成はとうてい不可能だろう。

おしゃべりに夢中で欠食

食育と言えば、いつも話題になるのは岩村暢子氏の本である。私も二〇〇三年に出た『変わる家族変わる食卓』（勁草書房刊）以来、大いに教えられているが、近刊の『家族の勝手でしょ！』（新潮社刊）は書名からして衝撃的だ。

岩村氏が勤務先の広告代理店で率いる調査チームは、一九六〇年以後の生まれで子供を持っている首都圏在住の主婦たちを対象に、一九九八年から食生活の調査を続けている。その結果を見ると、調理の手抜きなどは当たり前。出来合いの品を買ってきて並べただけの食卓、お菓子ばかりの〝ご飯〟、食べる時間も家族ばらばらなど、「崩食」「呆食」時代を鮮明に映し出している。

ひとつ例をあげれば、子供はとかく好き嫌いを言う。それに対し、食べるように働きかけたり、料理を工夫して何とか食べさせようとする親は、今や少数派なのだという。食べるということの優先順位が下がっているのである。『家族の勝手でしょ！』から二カ所引用する。
「嫌いなものを無理に食べさせない理由として、二〇〇〇年代初頭までは『食事は楽しく食べたいから、嫌がるものは押し付けたくない』と語る親が多かったが、近年は違う。『私のストレスになるから、そういうことはしたくない』と語る親が一番多くなっている。」
「遊びに出かけた先で欠食したケースでは、『子供は遊んでいると食べたがらないから』だけでなく、『私も遊びをやめたくなかったから』『親同士もおしゃべりに夢中だったから』と、親の都合を平然と語る主婦たちもいる。」

作るかどうかは趣味の違い

一九六〇年は高度経済成長が始まった時期に当たる。そのころから、日本人の食生活はいわゆる外部化、簡便化の方向へと急速に変貌した。そのさなかに育った女性たちがいま食育の主役なのだから、「国民運動」の前途多難を思わずにはいられない。

と嘆いていたら、売れっ子の教育社会学者・本田由紀氏が『朝日新聞』のコラムでこの本を取り上げていた。岩村氏は抑えた表現ながら家族や食卓の現状に批判的だが、本田氏はもう少しさめた見方をしている。手作りのご飯や家族そろっての食卓といった「〝理想〟と、それとは異なる現実のギャップを言い立てても、誰が喜ぶんだろう、って思います。喜ぶ人は、まず自分できっちり三度三度やってからにしてね」と疑問を呈するのである。

「喜ぶ人」とは誰か。私をはじめ食事の作法にうるさい老人連中はむろんのこと、新聞の読者にも「あなた自身はどうなの？」と問いかけているのではないか。彼女は一九六四年生まれで、岩村氏の調査対象である主婦たちと同じ世代に属する。岩村氏はといえば戦後の食料不足が解消しきっていない一九五三年生まれ。もしかしたら、この年齢差が〝理想〟に対する反応にも現れるのだろうか。

本田氏よりさらに若く、一九六八年に生まれたノンフィクションライター・阿古真理氏になると、またひと味違う。『うちのご飯の六〇年』（筑摩書房刊）で阿古氏は、岩村氏の調査に出てくるような主婦は「周りには見当たらなかった」「同じ世代なのにまったく違って見える」と述べている。彼女は料理のウデもなかなかのものらしいが、その一方で「できるだけ料理する回数をへらしたい」と願う人でもある。彼女の結論は――

「『料理を作らない』同世代の主婦と、スパイス選びに工夫を凝らしてルウからカレーを作る私の間に、実はそれほど大きな隔たりはない。間にあるのは、単なる趣味の違いである。」（傍点は岸）

阿古氏自身が体現しているように、「現代の家庭の食卓のあり方は多様」である。そこに共通するのは、女性たちが「台所に縛られるのをやめた」という現実だけかも知れない。

（『技術と普及』二〇一〇年九月号「食と農のつれづれ草2」全国農業改良普及支援協会）

日本で一番の学食とは

こだわりの「食生活部」

人はここまで思いっきり出身校を自慢できるものかと、うらやましくなった。それも授業や部活のことではない。毎日食べた給食を「日本で一番」と誇れる卒業生がいるとは、給食に関心を持つ者の一人として、何とも嬉しい驚きだった。

人気抜群のブログ「やまけんの出張食い倒れ日記」で名高い山本謙治氏が、高校時代を過ごした自由の森学園（埼玉県飯能市）の食堂のすばらしさを、後輩と二人で本にした。名付けて『日本で一番まっとうな学食』（家の光協会刊）。私みたいな年寄りまで含め、やまけんファンはゴマンといるから、本誌の読者の中にもとっくに読んだという人がいるに違いない。

やまけん氏が書きたかった学食とは「日本で一番豪華な」でもなければ「日本で一番安い」でもない。ひたすら「まっとうな」学食なのである。まっとう――辞書には「まじめ」「まともなさま」などとある。

学食を運営するため学内に「食生活部」という独自の組織がある。食生活部はまず食材の選択にとことんこだわる。米は四軒の農家と契約した特別栽培米を使う。野菜は有機農法や自然農法で栽培されたもの。ハム、ソーセージはもちろん添加物なし。味噌・しょう油は佐渡の米と大豆で仕込んだものをメーカーから直接買う。漬け物やピクルスは調理場の裏手にある貯蔵庫に自家製がどっさり……。ざっとこんな具合である。

もうひとつのこだわりは、メニューの大部分を手作りしていること。うどんは国産小麦を食生活部のスタッフが製麵機で打つ。パンも天然酵母を使って自ら焼く。化学調味料を避け、コンブやかつお節、煮干しなどでダシを取る。今どき、よほど料理好きな人でも、ここまで徹底するのは容易なことではない。

社会に出て分かる立派さ

そんなに充実した学食でも、在学中はあんがいそのありがたみを実感しないものらしい。ある卒業生の声が紹介されている。「食生活部の理念や実践がこんなにすごいものだなんて、在校時はまったく知らなかった。はたして生徒の何人が理解しているのかな⁉」

例えばこんなことがある。生徒が食堂に来ると、食生活部のスタッフたちは「今日はどれくらい食べる？」と訊く。会話をしながらご飯を盛りつける量を加減するのだという。結果として食べ残しはきわめて少ない。

よく知られているように、日本人の食生活で大きな問題のひとつは、食品残渣をいかに減らすかである。食生活部は毎日それを実行しているわけだが、そんなことにまで目を向ける生徒は、いたとしてもごく少数に違いない。

それに対し、長年にわたり食生活部を支えてきた女性スタッフの答えがいい。「私たちは食の不安をあおったりするのではなく、毎日ふつうに食べてもらう食事の積み重ねで、なにかを気づいてもらえたらと思っています。」

「教育としての食」の神髄をみごとに言い当てた言葉ではなかろうか。その場ではあっさり見過ごしていたことが、時間の経過とともに重みを持ってくる、ということが確かにある。一九八九年に卒業したやまけん氏は二〇年余りたった今、次のように書く。

「在学中は『もっと肉が食べたい！』『味が薄い！』などと不満の声を上げていた生徒が、卒業後にふとしたきっかけで自由の森学園の食堂で食べていたものを思い出し、自分の食のあり方を見直す。そんなことが起こっている。自由の森学園の食堂は、食べるということを通じた教育の場だったのである。」

「命」を感じる弁当

もちろん、「日本で一番」の基準はいろいろあっていい。近年は給食もずいぶんレベルが上がってきたから、「ウチの学校だってすごいよ」と言いたい生徒や卒業生があちこちにいるはずだし、そんな学校がどんどん増えてほしい。

自由の森学園と似た名前の自由学園（東京都東久留米市）なんかも、学食の充実度ではトップクラスだろう。「弁当を持参しない学校」として知られるこの学園で特筆すべきは、食材の生産にまで踏み込んでいることである。

はるか昔に一度訪れただけだから記憶があいまいだったが、改めて学園のホームページを開いたら、やはりそうだった。農業校でもないのにキャンパス内に畑や温室がある。栃木県には三三ヘクタールの教育農場まで持っている。一九二一年の創立以来、「食」が教育の一環として明確に位置づけられているのである。だから食堂はキャンパスの中央にある。

香川県の小中学校で竹下和男先生が始めた「弁当の日」も、「日本で一番」と呼ぶにふさわしい試みだと思う。小学校では五年生と六年生が年に五回ずつ、中学校では三年間で三回、生徒が自分で弁当を作る。食材の準備から完成まで、親はいっさい手を出してはいけない決まりである。そして昼、生徒全員がランチルームに集まってめいめいの弁当を食べる。

文字に書けばそれだけのことだが、生徒からの反響がどんなに大きかったか、『〝弁当の日〟がやってきた』（自然食通信社刊）など竹下氏の著書を読んで感動せずにはいられなかった。

竹下氏が五回の「弁当の日」を体験した小学生たちに贈った二〇の言葉から、いくつかを紹介したい。

「一粒の米、一個の白菜、一本の大根の中にも『命』を感じた人は、思いやりのある人です。」

「食材が弁当箱に納まるまでの道のりに、たくさんの働く人を思い描けた人は、想像力のある人です。」

「シャケの切り身に、生きていた姿を想像して『ごめん』が言えた人は、情け深い人です。」

(『技術と普及』二〇一〇年一一月号
「食と農のつれづれ草4」全国農業改良普及支援協会)

「一粒万倍」の楽しみ

四度目の稲刈り

九月初め、孫たちと稲刈りをした。昨年は収穫直前にスズメに食べられてさんざんだったが、今年はぬかりなく防鳥ネットを張ったので、いたずらスズメも全く近づけなかった。その代わり連日のカンカン照りで水管理に追われた。いつもは歓迎しない雷や台風が、こんなに待ち遠しかったことはない。

……などと書くと、いかにも広い田んぼを耕しているように思われそうだが、実はマイカーを持たないため空いているカーポートの片隅で、古いポリバケツ二個に二株ずつと、冷凍品か何かを送ってきた発泡スチロールの空き箱（バケツよりやや大きい）に四株、合わせて八株を育てたにすぎない。それでも土の準備から種籾の芽だし、超ミニの苗代づくり（これも発泡スチロールの小箱）、播種、田植え、朝夕の水やり、そして待望の収穫まで、本物の田んぼと違って除草だけは必要がなかったものの、ひと通りの作業を楽しんだ。

バケツ稲づくりは二〇〇七年、孫A（三人いるのでイニシャルで区別）が小学校に入ったのを機に、一緒に遊べることはないかと考えて始めた。うれしいことに全国農協中央会（JA全中）が毎年、栽培マニュアル付きのセットを無料で配っている。さっそく事務局から送ってもらったら、意外にうまく育って大好評。遠くに住む外孫Mには、生育の様子を写してメールで送信するなど、私の方がはまり込んだ。

今年はその孫Mが五年生になった。確か五年生から授業に「農業」が登場するので、バケツ稲づくりが参考になればと少し趣向を変えてみた。マニュアルによれば、苗は二本から三本を一株として植える。これまではその通りにしてきたが、今年は一株一本だけにしたのである。つまり収穫した八株は、元をただせばたった八粒の種籾だった。田植えもマニュアルではバケツ一個に一株ということになっているが、そこは少々欲張って、前に述べたように合計八株を植えることにした。

籾一粒の生命力

カンのいい読者はもうお祭しだろう。一粒の籾からどれくらいの米がとれるかを調べてみようというのである。そこで読者にクイズをひとつ。わが家では一株当たり何粒の米がとれたと思いますか？

もちろん孫と母親たちにも、田植えの時に予想をしてもらった。答えは一〇〇粒から一〇〇〇粒までばらけた。ちなみに最大の一〇〇〇粒は小学校に入ったばかりの孫Nが、よく分からないままに思いっきり大きな数を叫んだものらしい。

八株だけだから刈り取りは至って簡単だが、穂を手でしごいて籾をはずし、選別してから一粒ずつ数える作業は、けっこう手間がかかる。孫三人と私で二株ずつ分担したが、小学生にとってはさぞかし大仕事だったろう。

さてお待ちかねの集計結果は——。同じ一株でも穂の数は一一本から最大二二本。素人にはこの差も驚きだが、籾の方はもっとすごく、九三〇粒から一九九二粒までの開きがあった。平均値を出してみたら、一株当たり穂数は一六、籾の数は一四八七となった。

わずか八株で平均値などとは、我ながらおこがましいと思う。まいたのはコシヒカリと日本晴で、品種による違いもあるに違いない。一株一本だけでのスタートだから、稲ががんばってたくさん穂を出した、などということがあるのかもしれない。気のせいか、粒数の多い株は籾の張りが悪いようでもある。しかし、専門家の実験ではないのでそれらはすべて無視。とにかくわが家のバケツ稲づくりでは一粒の籾が一四八七粒に増えたのである！　家族の予想では何と一年生がいちばん近かった。読者の皆さん、あなたの成績はいかがでしたか？

「一粒万倍」という言葉がある。『広辞苑』には「一粒の種子もまけば万倍の粒となるの意」とあり、「稲の異称」とも書かれている。稲はそれほど豊かな実りをもたらすという意味なのだろう。「万倍」はともかく、改めて稲の生命力に感嘆した夏だった。

コシヒカリを超える米

バケツ稲づくりの品種はコシヒカリと日本晴である。では第二のクエスチョン。日本晴の正しい読み方は？

いや失礼。本誌の読者には常識でしょうから質問は取り消しますが、恥ずかしながら私、西尾敏彦氏の近著『農の技術を拓く』（創森社刊）を読むまでは「ニホンバレ」と発音していました。私みたいな半可通が多いことを西尾氏はずっと気にしていたのだろう、育成者の香村敏郎氏を紹介する文章の中でさりげなく、「蛇足」と称して「ニッポンバレ」が正しいことを記している。

私の無知さかげんはさておき、JA全中はなぜバケツ稲づくり用にコシヒカリと日本晴を選んだのだろうか。一九七九年から栽培面積日本一の座を明け渡したことのないコシヒカリは文句なしだが、日本晴だって堂々たる実績を持っている。西尾氏の本によると、コシヒカリが全国制覇する前、一九七八年までの九年間は日本晴の独走状態だった。米の味を判定する食味試験で、滋賀県産の日本晴が基準品種とされていることは私も知っている。日本晴はコシヒカリとともに日本の米の双璧なのである。

ここでひとつ、素朴な疑問が生じる。日本晴のあとを襲ったコシヒカリが三〇年以上たった今もナンバーワンだということは、それをしのぐ品種が現れていないことにほかならない。各地の試験場が新品種の育成を競い合っているのに、コシヒカリばかりは別格なのか。

コシヒカリの育成者・石墨慶一郎氏は生前、「コシヒカリでなければ米でないような宣伝はやめてほしい」と願っていたという。多様性の大切さが叫ばれるこの時代に、どこへ行ってもコシヒカリという現状は感覚的にもいささか気味が悪い。西尾氏は「農業に〈ひとり勝ち〉は似合わない」と実にうまいことを言っている。需要は年々減っていても、日本はやっぱり米の国。訪ねる先々でその土地ご自慢の米を味わえるようになってほしいものである。

四〇歳になった外食産業

（『技術と普及』二〇一〇年一二月号
「食と農のつれづれ草5」全国農業改良普及支援協会）

ウチ食・ソト食

言葉は時代とともに変わる。読み方だって変わっておかしくない。先日もテレビのアナウンサーが「内食」を「ウチショク」と発音したのでびっくり。そして少々心配になった。もしかしたら、今どき「ナイショク」と読んでいるのは私みたいな老人だけで、若い人たちはみんな「ウチショク」派なのか？

『広辞苑』には二〇〇八年の第六版で初めて「ないしょく」が登場し、「うちしょく」という読み方もあると書かれている。インターネットで検索してみたら、あるある。こんな具合に使われていた。

「暑さでヤル気のないこの季節こそ、家族の栄養を考えたおうちご飯＝『ウチ食』が一番！」

「最近は、食材を自分で選んで料理する『ウチ食ブーム』のように、料理に対する興味も高まっています」

ある県の図書館が食育月間にちなんで催した子供向け展示のテーマも、ずばり「ウチ食」だった。言葉に敏感な読書家が利用する図書館でさえ、ほかならぬ食育の展示にこれを使うのだから、今や「ウチショク」の方が優勢なのかも知れない。

言うまでもなく、内食は外食に対する言葉である。外食がどんどん盛んになり、では家庭で普通に調理して食べることを何と呼ぶか、ということで、「家庭内食」を略した「内食」が用いられるようになった。これを「カテイウチショク」とは読みにくいが、若い人にとっては言葉の起源など大した問題ではないのだろう。

ところで、内食が「ウチショク」なら、外食は「ソトショク」かもしれない。そう気がついて検索したら、これまたぞくぞく登場。「ソト食」以外に「ソトごはん」「ソトおやつ」なんてのも見つかった。ため息をつきながら検索を続けるうちに、「外食」と書くより「ソト食」の方が、何だかおしゃれっぽい感じさえしてくるから不思議なものだ。

飲食店から「産業」へ

「ウチショク」「ソトショク」の検索にのめり込んで、今年中に書いておくべきことを忘れるところだった。二〇一〇年はソト食産業……ではなかった、外食産業の四〇周年に当たる。

一九七〇年七月七日、東京の郊外にこぢんまりしたレストランが開店した。後にファミリーレストランのトップ企業となるすかいらーくの一号店である。翌年七月には銀座三越の一角に日本マクドナルドが一号店をオープンさせた。

七〇年から七二年にかけて、小僧寿し、ロイヤルホスト、モスフードサービス、日本ケンタッキー・フライド・チキンなどの外食チェーンも相次いで店舗展開を始めた。そういうわけで、七〇年は「外食元年」あるいは「外食産業元年」と呼ばれている。

七〇年といえば大阪で万国博覧会が開かれた年である。万博そのものも大盛況だったが、会場内に軒を並べた内外の飲食店に入場者は目を見張った。大阪万博は「食堂業博覧会」と呼ばれたほどである。

当時の日本は高度経済成長のまっただ中。二年前にはGNP（国民総生産）が世界第二位となり、家庭にはカラーテレビ、クーラー、マイカーの「3C」がどんどん普及しつつあった時代である。所得が増え、車を手にした人々が向かったのは、家族連れで乗り付けられる郊外のファミレスだった。一方、繁華街では手軽なファスト（速い）フードが若者の人気を集めた。外食産業の快進撃が始まったのである。

飲食店は昔からあったが、「産業」と言えるものではなかった。たくさんの店をチェーン化し、どの店でも同じようなメニューと、おじぎの仕方までマニュアル化されたサービスを提供する。これが外食「産業」である。

いつでも、どの店でも同じ味であることを売り物にするマックのハンバーガーについて、創業者の藤田田氏は自信満々に「私たちは（中略）普遍性を備えた『文明』を売っている」（『日本マクドナルド二〇年のあゆみ』日本マクドナルド刊）とまで言った。

小さくなったパイ

あれから四〇年。今や外食抜きの食生活は想像もできない。テレビでは評判の店を紹介する番組が数え切れないほどあるし、人気店には開店前から長い行列ができる。「不惑」を迎えた外食産業はますます盛ん……と言いたいところだが、現実はそう甘くない。その表れが、泥沼に踏み込んだも同然の安値競争である。読者の皆さんも肌で感じておられるのではなかろうか。

例えば牛丼である。牛肉は高価なものという観念がしみついている私なんか、「牛丼二八〇円」（並盛り、以下同じ）とか「牛めし二五〇円」といった店頭の張り紙を見た時は、思わずのけぞってしまった。さすがに吉野家だけは牛丼三八〇円を守り通してきたが、とうとう耐えきれなくなったとみえて、一〇月からは牛丼ならぬ「牛鍋丼」を二八〇円で発売した。

吉野家の安部修仁（しゅうじ）社長は、この業界では泣く子も黙るカリスマ経営者である。その安部氏が、昨年からの業績低迷に「同業他社との価格競争は考えなかった」（『日本経済新聞』九月二六日）と反省しているだけでなく、「牛丼業界の成長はもはや限界。これからは淘汰が始まる」（同紙四月一六日）とも語っている。

外食業界の不振が一時的な現象なら、このデフレ時代を何とかしのげば再び日が当たるだろう。しかし、データを見る限り、とうてい楽観的にはなれない。外食産業総合調査研究センターが毎年、外食産業の市場規模、つまり業界全体の売り上げを発表しているが、一九九七年をピークに、その後は二度の例外年を除いてずっと右肩下がり。昨今の外食業界は、言ってみれば小さくなっていくパイを、安値競争で食い合っているのである。

これまでの経験だと、不況の際は消費者が外食支出を抑え、つとめて家で食べる「内食回帰」現象が起きた。今がそうだとして、やがて景気が回復した時、逆方向の「外食回帰」は起きるのだろうか。

食と農をつなぐ人たち

（『技術と普及』二〇一一年一月号
「食と農のつれづれ草6」全国農業改良普及支援協会）

野菜のかじり方

野菜の良し悪しを見分けるのに、生のままちょっとかじってみる。そこまでは時たま素人でも試みることがある。しかし一流の料理人になると、縦からも横からもガブリとやるものらしい。同じ野菜をかじっても、縦と横では甘みや苦みの感じ方が違うからだという。奥田政行氏が近著『人と人をつなぐ料理―食で地方はよみがえる―』（新潮社刊）にそう書いている。

奥田氏といえば、庄内（山形県鶴岡市）のレストラン「アル・ケッチァーノ」のオーナーシェフとして名高い。二〇〇六年には、イタリアのスローフード協会国際本部が催したイベントに「世界の料理人一〇〇〇人」のひとりとして招かれたほどの人である。野菜のかじり方ひとつとっても、その徹底ぶりには脱帽するほかない。

奥田氏は自分の料理を「地場イタリアン」あるいは「庄内イタリアン」と称し、肉も魚も野菜も、手に入る限り庄内産を使う。食材を選ぶ時の大原則は、「その生産者について私が語ることができないのであれば、使わない」ことだという。

生産者を知り尽くした上で初めてメニューに載せる。それが可能なのは、地元の生産者との深い交流があるからである。自分の店を「生産者の方々の舞台として使ってもらえばいい」と奥田氏は考える。そう言えば、スローフード運動の目的の中には、質の良い食材を提供してくれる生産者を守ること、があった。

奥田氏とは東京で開かれたシンポジウムでお会いしただけで、残念ながらまだ「アル・ケッチァーノ」を訪れる機会がない。しかし、銀座にある山形県のアンテナショップ内で奥田氏がプロデュースする「ヤマガタ・サンダンデロ」の料理も、庄内の風の匂いや潮の香りをたっぷり運んできてくれる。ちなみに「アル・ケッチァーノ」「ヤマガタ・サンダンデロ」はそれぞれ、「そういえば、あったわね」「山形産なんでしょう」という意味の庄内弁である。

畑の中のレストラン

前回、四〇歳になった外食産業の苦しい環境について書いたばかりだが、こういうご時世でも客足の絶えない繁盛店はたくさんある。そのひとつのタイプが農の世界と直接つながっている店ではないか。「アル・ケッチァーノ」はその代表例である。

そんな店は庄内のような農村地帯にしかない、と思われるかもしれないが、必ずしもそうではない。その気になれば東京二三区内にだって、食と農が見事に一体化した店は見つかる。

練馬区の「Ｌａ毛利」は体験農園「大泉　風のがっこう」の一角に建っている。文字通り畑の中のレストランである。どの駅からもバスで一五分ぐらいかかるだろうか。広い畑が残っているくらいだから、交通の便に恵まれているわけではない。しかし、試みに店のホームページを開いてみれば、二〇〇七年に開店したこの店が今も抜群の人気で、「せっかく来たのに席がない」と苦情も出るほどだと分かる。

「大泉　風のがっこう」は白石好孝氏が農園の一部に開設した。白石氏は東京にもすばらしい農家がいることを世間に知らせた『都会の百姓です。よろしく』（コモンズ刊）の著者である。小区画の畑がずらりと並ぶ様子は市民農園と同じだが、体験農園では経営者の農家が栽培計画を立て、資材や農機具も全て用意する。授業料を払った「生徒」は手ぶらで農園へ来て、農家の指導に従って野菜づくり体験をする。ベテラン農家がついているのだから失敗はなく、初心者でも確実に豊かな収穫を楽しめる。

「Ｌａ毛利」のオーナーシェフ・毛利彰伸氏もこの農園で、夫婦そろって白石氏から野菜づくりの指導を受けた。メニューに白石農園の野菜を使うことは言うまでもない。店には畑に面してデッキスペースもある。目の前の畑から吹いてくる風が心地よく、料理もいちだんとおいしさを増す。

在来作物への思い

話を奥田氏に戻そう。奥田氏には庄内産の食材の中でも、在来作物に対して特別な思い入れがある。今度の本でも「私の料理の軸は在来野菜と庄内産の魚や肉を合わせること」と書いている。

では在来作物とは何か。学術的な定義はないようだが、山形大学農学部の研究者たちが中心になって二〇〇三年に組織した山形在来作物研究会（略称「在作研」）では、「①ある地域で世代を超えて栽培されていて、②栽培者自らの手で種とりや繁殖が行われ、③特定の料理や用途に用いられる作物」としている（『おしゃべりな畑』山形大学出版会刊）。農家が守り伝えてきた知的財産である。

在作研の調査結果によると、山形県内に残る在来作物は一五七品目、庄内に限っても六七品目にのぼる。その中に、「地場イタリアン」の定番メニューに加わった「藤沢カブ」や「平田赤ネギ」があった。

庄内独特だが作り手の減少で息絶え絶えになっていたこれらの野菜を、奥田氏が農家に頼んで栽培してもらい、自分の店で使うことで復活させた。在来野菜との出会いは奥田氏の料理も、「アル・ケッチァーノ」の方向性も変えた。開店から一〇年たったいま、「在来作物こそ、地方が活性化するための大事なひとつのアイテムだ」と奥田氏は言う。

在来作物はたいてい個性が強い。しばしばアクや苦みがあるから、調理にはウデと工夫が要る。その代わり、成功すれば誰にも作れないオリジナル料理ができる。だから奥田氏は、縦から横からかじって個性を見つけるのである。

野菜や魚を店まで持参した生産者には、代金代わりに店で料理を食べられるチケットを渡す。生産者は自分の食材がどのように調理され、どう食べられているかを自分の目で確かめることができる。カネを介さないつながり。奥田氏はこの方法を「生産者との物々交換」と呼ぶ。「つながり」をキーワードとする奥田氏の「地場イタリアン」は、顔の見えない大量生産・大量流通型の食とは対極にある。

3

青年・女性・高齢者

一一人に教えられたこと

（『農林統計調査』一九八六年一二月号
「農業への新しい風　新規参入を追う」最終回　農林統計協会）

二月号から一〇回にわたって、全国各地の新規参入者を紹介してきた。一九八五年一〇月号の特集「今、新規参入を考える」でとりあげた坂根修さんを加えると一一人である。北海道から鹿児島県までを歩いた結果を踏まえて、私なりにこの問題のまとめをしてみたい。

八六年一一月二八日、農政審議会は「二一世紀へ向けての農政の基本方向」と題する報告を加藤六月農相に提出した。その中に「新しい農業後継者の育成・確保」という一項があり、次のように述べられている。

「若い農業者については、新規学卒就農者、青壮年離職就農者、農外からの新規参入者というように、幅広い観点から、その量の確保と資質の向上に取り組む必要がある。

特に、農業への新しい活力導入として期待される農外からの新規参入については、就農に当たって必要な条件づくりに積極的に取り組む必要があり、担い手の不足する地域においては、これらの者を新しい担い手として育成していく必要がある。」

これが全文である。報告が、農業後継者の中でもとりわけ新規参入者の重要性を強調していることは明らかだろう。八〇年一〇月の農政審答申「八〇年代の農政の基本方向」が、新規参入に全く触れていないのに比べ、まさに隔世の感がある。

農政審が新規参入問題をとりあげたのは、私の知る限り八二年八月の報告「『八〇年代の農政の基本方向』の推進について」が最初であった。そこでは「新規参入を容易にするような教育、技術指導、経営援助等を充実し、農業への新しい活力の導入に留意する必要がある」とされている。これを受けるようにして、八二年度の農業白書には、北海道別海町のA氏ら三人と一つの農事組合が「非農家出身の新規参入者の活動事例」として紹介されたのである。

以来今日まで、毎年の白書が新規参入者に関心を向けていることに変わりはない。しかしその間、国政レベルで具体的に新規参入者対策がとられたことはほとんどなかった。わずかに八二年度から始まった農業後継者地域実践活動推進事業の中に、都道府県農業会議に委託する事業として「非農家子弟を含む就農相談の実施」が入っているにすぎない。

それよりは、岡山県の新規就農者対策事業（一九七九年度開始）や北海道のリース農場事業（一九八四年度開始）の方が素早い対応を見せた。ようやく八七年度農林水産予算要求の柱の一つとして、「新規就農ガイド事業」（仮称、要求一億円）が登場している。

この記事が読者の目に触れるころには、事業内容もよりはっきりしているはずだが、要するに全国農業会議所と都道府県農業会議にそれぞれ新規就農ガイドセンターを設け、新規参入希望者が求める情報を収集、整理、提供し、合わせて相談、広報なども行う、というものである。全国農業会議所には情報処理のためのシステム（データバンク）を置き、また都道府県農業会議は受け入れ側である市町村、集落などに対する指導もすることになっている。どの程度の成果があがるかは未知数だが、ともかくこれによって政策のバックアップが軌道に乗ろうとしていることは歓迎できる。

今、なぜ新規参入なのか

考えてみると、今さらのように新規参入が問題にされること自体、日本農業の特殊な性質を示しているのではなかろうか。他の産業であれば、例えば石炭のように衰退する業種であったり、大企業が圧倒的なシェアを占めて寡占状態にある場合は別として、通常は新規参入など当たり前のことである。新規参入があるということは、むしろその産業が発展の可能性を持っていることの証明でもある。農業は確かに上昇気流に乗っているわけではないが、かといって石炭のように一〇年もたったら消滅しかねない産業では決してない。

農業に人があり余っているのならともかく、後継者不足の声は至るところで聞かれる。農家子弟の新規学卒者で就農する者が五〇〇〇人ぐらいしかいないことが大きな問題になっている。それなのに、なぜ農業には新規参入者が少ないのか？

たまたま最近出た『揺れうごく家族農業―個と集団』（柏書房刊）という本で、東大教授・今村奈良臣氏がアメリカの様子を伝えている。

「アメリカにおいては農業への新規参入の門は常に開かれており、新しい血を導き入れるシステムが用意されている。（中略）これこそがアメリカ農業の活力の源であり、農業活性化の基本的な要因ではないかと私には思われて仕方ありません。」

日本農業とアメリカ農業を一律に論じることは現実的でない。日本の場合、土地がガンになっていることは明らかである。農業に他産業ほどの魅力が乏しいこともあろう。しかし、それだけだろうか。いま日本農業に必要なことの一つは、一人でも多く新しい血を入れて、これまでとは違う発想で農業の改革を図ることではないのか。農村取材の体験から、サラリーマン生活をしたことがあるとか、元軍人だったとか、あるいは外国生活の経験があるなど、農業以外の世界を知っている人に農業者として優れた人がたくさんいることに気付いていたことも、私が新規参入を待望する一因である。

そういう目で世の中を見ると、どうやら石油ショックの頃を境にして、じわじわと変化が起こっているらしい。例えば田舎暮らしが静かなブームである。「田舎」「カントリーライフ」「百姓」「農的生活」などを表題とする本がやたらと多い。「新・田舎人」などという言葉もある。東京には、田舎暮らしを始めたい人のために農村の不動産情報を専門に提供する会社もあり、なかなか繁盛しているという。

最近出版された『エコ・ライフ　ブックガイド　新田舎暮らしへの招待』（楽游書房刊）には、その種の本が実に二六九冊も紹介されている（もっとも、この本には宮沢賢治や安藤昌益、徳冨蘆花まで入っているが）。私自身はそれほど意識して買い集めたわけではないが、それでも二〇冊やそこいらはある。

これらの本は大別すれば案内書と体験記だが、内容で仕分けすると次の二群になる。

第一は、田舎で暮らすことに焦点を当てた本である。今日、都会を脱出して田舎暮らしを始めることは、それ自体、現代文明に対する強烈な批判を含んでいる。「農的な暮らし」とか「エコロジー的生活」といった言葉を使えば、それがもう少しはっきりするかも知れない。この場合、「農的」とは必ずしも農業で収入を得ることを意味しない。言わば田舎で暮らすことそのものに意義があるので、極端にいえば農作業を全くしなくても「農的」であることはできる。

第二は、文字通り百姓、農民になるための本である。きっかけは農的な暮らしを求めることであったかも知れない（人によって異なる）が、生計の立て方としては「農的」の域を超えて農業で食って行く、職業として農業を選択する、ということである。当然、農業との関わりはより緊張したものとなる。

数の上からは、前者に属する本が圧倒的である。田舎暮らし、農的な暮らしを求める人は多くても、本格的な農民を目指す人は相対的に少なく、その体験や思想を一冊にする人はさらに少ないということだろう。

農的な暮らしの意義を認めるのにやぶさかではない。私自身、ささやかながら家庭菜園を続けていて、土に触れる（肉体的にも精神的にも）ことの喜びを休日ごとに味わっている。しかし、農業記者である私としては、生き方の問題としてと同時に経済的な問題として、言い換えれば、自らの人生観によって選択した農業を職業としても確立できるかどうか、という視点から新規参入を捉えてみたかった。

そういう時に出版されたのが、埼玉県寄居町の新規参入者・坂根修さんの『都市生活者のための　ほどほどに食っていける百姓入門』（十月社刊）である。読んでみると、やり方次第で農業への新規参入は可能だし、ぜいたくにではないが食ってもいけるらしい。さっそく取材に押しかけて、何よりも、坂根さんが刻苦勉励型でなく、「楽をしてほどほどに食っていく」ことをモットーにしているのが気に入った。今回の連載の手がかりを与えてくれたのは坂根さんの本である。

坂根さんは養鶏と野菜を二本柱に、消費者グループに自分で配達する方式をとり、鶏舎の敷地まで入れても五〇アールの田畑で農業をしていた。坂根式五反百姓経営の詳細については先にあげた記事を読んでいただきたいが、その記事の最後のところで簡単に紹介した「皆農塾」は、最近テレビなどでも何回かとりあげられ、すっかり有名になった。

皆農塾は、百姓になりたくてうずうずしている人たちが、実地に農作業をして経験を積むための農場である。昨年八月、坂根さんが自宅近くに新しく三〇アールの畑と住宅一戸を借りて開設したものだが、一年余りたった現在、二〇人ぐらいがここで働いている。

「ぐらい」とあいまいに書くのは、地元に住み着いて毎日くる人、休日になるとやってくる人、忘れた頃にふらりと現れる人など、さまざまだからである。畑は合計一・六ヘクタール（うち二〇アールは平飼い一〇〇〇羽の鶏舎敷地）に増え、さらに借り増す計画もある。住宅も一軒で足りなくなり、坂根さんは自宅を塾の仲間に開放して別の家に移った。塾の近況を伝える手づくり新聞『百姓志願』はすでに二二号を数えた。販売先の消費者グループも着実に拡大しており、八七年早々には一人が塾から独立していく。皆農塾は新規参入者の養成拠点となりつつある。

参入者たちの多彩な経歴

とはいえ坂根さんのやり方は新規参入方法の一例にすぎない。実際には、参入者たちは生まれも経歴もまちまちだし、経営の内容もさまざまである。新規参入には多様な道がある方がいいに決まっている。

新規参入のタイプについてはいろいろな分類法があろうが、農水省農業総合研究所主任研究官・東廉氏は先にあげた特集「今、新規参入を考える」で、あらまし次のような類型化を試みている。

①専業―伝統的農業＝同じ専業でも農法の点で②のタイプと区別される。工業的あるいは化学的な農法に対する疑問はそれほど明確でない。作目にそのような傾向が大きくない場合もある。北海道や本州山間地帯の酪農、肉牛とか、花卉など特殊な作目が中心である。

②専業―有機農業＝農業で生計を立てるが、③④と同様、エコロジー的な生き方を志向する。有機農

法による野菜、米、養鶏などが主体で、販売は消費者直結型。

③兼業自足農業＝農村に移り住み、有機農業をしているが、生計の基盤は別にある。作家、画家などの自由業が多い。

④余暇自給農業＝農作物を育て自給してみることに意義を見出すケース。年金生活者の農村移住、都市での市民農園などがこれに当たる。

現代文明の批判という観点からすれば、③④のタイプがきわめて重要であることは、改めて言うまでもない。しかし、すでに述べたような私の立場からすれば、どうしても①②に主たる関心が向く。結果的には、兼業らしい兼業といえば橋口則一さんの金網フェンス施工が見られた（しかし③の自足型でもない）程度で、他は規模の大小を問わずすべて専業農家を訪ねることになった。

取材してみると、予想通り穀作農業をしているケースが少ない。養鶏プラス野菜とか鉢花（温室）などの例はたくさんあるし、土地利用型でも酪農や肉牛なら北海道をはじめいくらも見つかるが、米麦への新規参入者はごく限られている。そういう中で乗松精二（静岡県、米、小麦）、新田拓司（広島県、麦、小豆、牧草）のお二人に会えたのは幸いだった。

偶然、二人とも農家の出身である。乗松さんは次男で、実家は兄が継いだ。高校を出た当時は農業などやる気がなかったが、建築会社で非人間的な毎日を送るうちに農業の良さに目覚める。新田さんは比較的大きな稲作農家の長男だが、家は末弟に譲り、あえて世羅台地の開発という道を選んだ。農家の子弟といっても、家を離れて未知の分野に飛び込んだ点で、どちらも新規参入者とみなしていいと私は思う。農家に育ち、しかも他の世界も見ているのだから、こういう人たちこそ一番頼みになる存在かも知れないのである。

伝統的な発想から脱した自由人

もちろん、一一人の取材で新規参入者の全貌をつかみえた、などとうぬぼれるつもりはない。定量的に傾向を見るという意味でなら、八六年二月に農水省がまとめた「農業への新規参入に関する実態調査結果の概要」がある。この調査は八〇年以降に新規参入し、八五年九月現在、営農を継続している二九五人を対象にしたもので、内容を要約すると次のようになる。

①四年制大学卒業者が三八％を占めるなど比較的学歴が高い。

②前職は会社員など農業と全く関係ないものが六三％。

③作目は畜産が四九％、園芸が四四％と断然多い。

④耕地面積は五〇アール未満が二八％、五〇アール～一ヘクタールが二五％で、五ヘクタール以上も北海道を中心に一九％ある。

⑤農地の入手方法は購入四二％、借地五八％で、農業委員会または知人のあっせんによることが多い。

⑥農地や機械・施設の購入、営農などの資金はいずれも自己資金が主体で、次いで制度資金を使っている。

⑦参入に当たっての問題点については後述する。

私の限られた取材からではあるが、新規参入者にほぼ共通する人間性みたいなものをこれに付け足してみよう。

（a）農業がメシより好きで、他の産業で働くより自分に合っていると思っている（だからこそ自己の意志で農業を選択した)。

(b)ぜいたくな暮らしを望まない。しかし精神的、人間的には豊かさを追求する。

(c)環境問題に関心を持っている。

(d)農作業だけでなくさまざまな仕事を苦にせずやってのける。

(e)自分の子供に農業を押しつけるつもりがない(自らが好きな道を選んだ以上、子供にも職業選択の自由があると考える)。

総じて言えば自由人の一種であり、伝統的な農業にまつわる発想から脱しているのが新規参入者の特色である。こういう人たちが地域社会にちゃんと受け入れられたら、活性化に役立つこと請け合いだと思う。

若干の解説を加えておくと、まず環境問題への関心は、都会を逃れて田舎暮らしを始める者として自然なことといえる。東氏の分類では「専業—伝統的農業」に属する人たち、すなわち「工業的あるいは化学的な農法に対する疑問はそれほど明確でない」とされている人たちも含めてそうである。

共通項のdは、実は農業の本質にかかわることだと思う。新規参入者の多くが自分のことを「百姓」と呼ぶ。「農民」「農業者」などと呼ばれるのが気恥ずかしいというだけでなく、もっと積極的な意味がこの言葉にこめられている。それを坂根さんの本から引用する。

「百姓は百の仕事を持つといわれ、農業においても単一作物だけをつくるのでなく、米・麦・野菜・果樹・家畜と手がけ、またあるときは大工であったり、左官であったり、土木工事人であったり、味噌づくりの職人であったりと、多種にわたる職業に精通した者の謂だ。」

坂根さんは平飼い鶏舎を自分で作った。週に二日は商人に変わり、団地の主婦たちに野菜と卵を売る。上田正さんは豚を飼っているだけでなく、食肉加工の技術を身につけている。乗松さんは米麦だけの、坂根さん流に言えば非百姓的な経営だが、その代わり新品の機械をほとんど買ったことがない。ポンコツ同然のものを見つけてきては自宅の納屋でせっせと修理してしまうから、機械費は信じられないほど安い。新田さんや梶原雅己さんはブルドーザーを駆って開墾作業までこなす。多くの農民が万事農協からのお仕着せですます近ごろの風潮とは、心構えと腕前がまるで違う。

やる気が障害を克服

新規参入の問題点として常にあげられるのは土地、資金、技術の三つである。これは農水省の調査だけでなく、農林中央金庫のアンケート調査結果「農業経営者の未来像」（一九八二年五月公表）でもほぼ同様だった。

農業を始めようとすれば、買うにしろ借りるにしろ土地がいる。つまり絶対不可欠の条件だから、新規参入に当たっての最大の問題点（就農前）が「農地取得関係」であることに不思議はない。私が取材した一一人も土地探しにはそれぞれ苦労している。「参入の最も簡単な方法は農家へ婿養子に入ること」（前掲農林中金調査）という答えが返ってくるのも、いわれのないことではない。

障害の一つはよく知られている農地法第三条（権利移動の制限）であり、いま一つは地価だというのが一般的な理解である。確かにその通りだが、このことを悲観的に考えすぎてはいけない。一一人のほとんどが、ろくに農地法の知識など持たないままに何とか土地を見つけたことも事実である。地価の高さは個人では克服できないが、借地なら大して関係がない。

坂根さんの例でも明らかなように、大都市近郊で荒れている桑畑など、狙い目といってよい。過疎地なら、より広い面積をまとめて借りる可能性も大きくなる。梶原さんとその仲間たちは、八ヶ岳のふもとで可能性を現実のものにした。ちなみに地代は一〇アール当たり坂根さんが一万円、梶原さんは八〇〇〇円を払っているにすぎない。最良とはいかないにしろ、本気で探せば土地はないわけではない。

農地法も地価も障害であるには違いないが、それと同じくらい、あるいはそれ以上に重要なのは、参入に役立つ情報と、受け入れる側（すなわち市町村や農協）の理解ではないか、と私には思われる。参入希望者の多くが、どこに適地があり、どこで手続きをすればいいかを知るまでにさんざん時間を使っている。また、せっかくその土地に永住しようとしても、県や市町村が「前例がない」となかなか相手にしてくれない。梶原さんたちは自分の苦労にこりて、参入希望者の受け入れ窓口にしようと峡北農業経営者会議を作った。そういう点で、岡山県の新規就農者対策事業や北海道のリース農場事業の果たす役割は大きい。

次に資金だが、新規参入者の多くが利用するのは農地等取得資金、総合施設資金（以上農林漁業金融公庫資金）、農業後継者育成資金（農業改良資金）の全部または一部である。しかし据え置き期間には問題があり、特に果樹農家が「収穫がほとんどないのに償還が始まる」と不満を持っている。後継者資金も農家の子弟でないから借りにくい。単なる「イエ」の後継者でなく、日本農業の後継者にこそ貸すような配慮が必要ではなかろうか。信用の面では新規参入希望者が不利なのは当たり前だから、制度の運用に一工夫ほしいところである。

技術力の不足は新参者である以上避けられない。しかし一一人についていえば、その不安を見事に乗り越えていた。坂本正次さんや桜井勝英さんのように、地域の模範とされるほどになっている人もある。一一人のほとんどが、参入前にどこかで研修をしている。事前に研修できる公的な施設があればいいが、参入者たちはたいてい、それよりも先進的な農家で実地に学ぶ方が役立つと言う。
最後に新規参入の資格は――と言っても、農業をするのに特別の資格がいるわけでは無論ない。参入者たちに「絶対欠かせない条件は」と聞くと、ほとんど全員がちゅうちょなく「やる気」と答えたことを記しておきたい。農地法を知らず、技術もなく、資金的にも豊かとはいえない中で、結局はやる気ひとつで数々の困難を乗り越えてきた人たちなのである。

農業の新しい仲間たち

（『特産情報』一九八七年二月号「雑感往来」日本特用林産振興会）


この一年余り、心がけて農業への新規参入者に会ってきた。将来に悲観的な農業者が多い中で、たとえ数は少なくとも自ら選んで農業を始めた人たちがいるということは、それだけで新聞記者の関心をそそらずにはおかないのである。

近頃は、どこの農村へ行っても「跡継ぎがいない」という。ヨメ不足も深刻だが、その前に若い男性が農家を継ごうとしない。何とか継いでもらおうとするから、ピカピカの高級車を買い与えてごきげんをとったりする。

そういう現実を見ながら、「いったい農業とは親から押しつけられてやるものなのか？」と、いつも思っていた。それくらいなら、本当にやる気のある農業者とか新しく農業を始めたい人に、さっさと土地を売るなり貸すなりしてくれたらいいのに。そんな素朴な疑問も新規参入者を取材するきっかけになった。

取材を始めてみると、会う人会う人が実に魅力的なのである。こういう厳しい時期に好きこのんで農業をやろうというのだから、世間からは少々変わり者とみられたりもしているが、実は並みの農業者よりはるかに真剣に農業を考えていることが分かった。

新規参入者は一般に学歴が高いとされる。農水省の調査でも、四年制大学卒業者が三八％を占めた。要するにインテリ農民が比較的多いということだろう。ちなみに、私がある雑誌の連載で紹介した一一人の内訳は四年制大卒または中退六人、短大卒三人、高卒、中卒各一人だった。学歴が高ければいいというわけではないが、そういう層の中に農業を志向する人が増えていることは歓迎できる。

私の理解では、新規参入者の多くに共通するのは次のような点である。
一、農業が大好きで、他の産業で働くよりはるかに生き甲斐があり、また自分の性格に合っていると感じている。
二、やたらにぜいたくな暮らしをしようとは思わない。物質的な豊かさよりは精神的、人間的な豊かさに敏感である。モノよりココロ、と言ってもいい。
三、農薬汚染など公害、環境問題には強い関心を持ち、消費者に本物の農産物を届けようとする。
四、農作業をするだけでなく、機械いじり、大工仕事、食品加工など何らかの特技を持っている。昔の「百姓」という呼び方が、この人たちの間に生きているようにみえる。
五、自分の子供には職業や生き方を自ら選ぶ権利があると考え、農業を押しつけようとしない。
新規参入者だけを持ち上げるつもりはないが、少なくとも発想がひと味違うことは事実である。

今の農業、農村を見ていて、こういう人たちのエネルギーを活用しない手はないと痛感する。新規参入者を農業活性化のバネにしたい。

というのも、新規参入者は農業以外の世界を知っているからである。農業をいつも農業の内側からだけ眺めるのでなく、いったんある距離を置いて農業を見る、別のモノサシで農業を計り直す、その上で農業に取り組むことが大切なのではないか。

もちろん、新規参入にはいろいろなネックがある。農水省の調査では土地、資金、技術の三つが上位にあがった。私が会った参入者たちも、多かれ少なかれこの三点は身に覚えがある。けれども、そのことを過大視してはいけない。

彼らに聞くと、参入の第一条件は「やる気」だという。さまざまな障害にも初志を曲げない強さである。農地法もろくに知らず、高い地価に悩みながらも、最終的には何とか目的を果たした体験が、こう言わせるのだろう。

私から見れば、もう一つ肝心なのは、地元の側によそ者を受け入れる風土があるかないかだと思う。法とか制度とかは、結局はそれを運用する人しだいである。土地を見つけるのにさんざん苦労し、やっと目星をつけても、今度は県や市町村、農業委員会などが、「前例がないから」といった理由でなかなか購入や借り入れを認めてくれない。そんなくやしさを味わった参入者はたくさんいる。

農村を歩くと、あちこちに農地が遊休化している。桑畑なんかひどいものだ。せっかくの農地をもっとうまく利用できないものか。

いま必要なのは農家の後継者ではなく、日本農業の後継者である。やる気のある新規参入者はそうした後継者群の一角を形成しうると思う。すべての農業関係者は彼らに心を開いて、農業の仲間に加えてほしい。

老年学奮闘記

（『日本経済新聞』一九八九年八月二〇日「春秋」）

家庭生活と米国系企業での仕事を両立させていた菊川操子さんは突然、右耳が聞こえなくなった。難聴である。四五歳だった。「年をとるとはこういうことなのか」。老年学に打ち込んだ彼女はとうとう勤めをやめ、米国へ留学する。一年間の奮闘記が『老年学科アメリカ一年生』（木本書店刊）という本になった。

ミシガン州の小さな町で、二十数年ぶりの大学生活が始まる。講義、論文書き、研究発表、そこへ実習が加わってくたくたの毎日。しかしこの実習こそ最高の学校だった。独居老人に給食を届けて回る。老人ホームを訪ねて話し相手をする。福祉事務所でイベントの準備を手伝う。実習を通じて触れ合った何十人もの老人が、この本で次々に老いの素顔を見せてくれる。

給食配達の車を運転してくれたボランティアは七〇歳を超え、歩行も困難だった。操子さんと同じように配達作業をした人の中には、なんと九二歳の高齢者までいた。日本で言えば定年の六〇歳以上でも、健康でさえあれば、他の老人たちのために喜んで働く。自分に残された能力をフルに使ってボランティア活動をする習慣が、この町の住民には根づいていた。

操子さんは滞在中に五〇歳の誕生日を迎えた。友人からのプレゼントには「とうとう五〇歳、でもこれから始まるんだわ」と書かれていた。帰国した彼女は今、米国での体験を生かして都下の老人ホームで働いている。米国のお年寄りから学んだことは、実は私自身の老後への警告でもある、と彼女は言う。それは同時に、この本の読者への警告にほかならない。

女性が農業を変える

（『自治実務セミナー』一九九一年三月号「随想」良書普及会）

二年ほど前、新聞の時評欄に「元気印農業のための五カ条」なる駄文を書いた。農業記者として全国を回っていると、前途に希望を失い、しょんぼりしている農家と農業関係者が多すぎるので、「おい、元気を出せよ」と言いたい気持ちからだった。

私のあげた五カ条は、①「厳しい」をやめよう、②「育成」なんか御免、③もっと個性を、④自分のソロバンを持つ、⑤若い力に任せて——というものである。

今は五カ条について改めて説明するのが目的ではない。この時評を書いたあとで、大事なことを落としたのに気付いた。五番目の「若い力に任せて」は、正しくは「若い力と女性に任せて」でなくてはいけなかった。

農業従事者は高齢化と同時に女性化が進んでいる。一九九〇年世界農林業センサスの結果を見ても、農業就業人口五六五万人の六〇％は女性である。販売農家（経営耕地面積三〇アール以上または農産物販売金額五〇万円以上）の基幹的農業従事者に限定しても四八％を女性が占める。日本農業は女性なしには成り立たなくなっている。

そうである以上、女性が生き生きと働ける環境を作れるかどうかが、農業の前途を左右することになる。

山形県天童市の森谷茂伸さんは一四年前、脱サラして仲間三人と稲作を始めた。新規参入者の成功例として地元ではよく知られた人である。この人の発想のユニークさは、ちょっと例を見ないほどのものだ。

田植えの手伝いに若い女性を雇った。ところが作業を見ていると、田植え機を運転する男性より手作業をする女性の方がずっときつそうだ。それならというので彼女たちに運転を教え、田植え作業を任せることにした。

その時のいでたちがふるっている。タンクトップにサングラスとハイヒール、指にはマニキュアまでして田植え機に乗らせた。彼女たちは面白いと大喜びし、友達もつれてくる。おかげで森谷さんは人手不足を味わったことがないという。

タンクトップやハイヒールが農作業に最適かどうかはともかく、ここには3Ｋ（危険、きたない、きつい）のイメージはない。森谷さんの感覚の鋭さは、田植え機に乗る方が苗運びなどするよりカッコよくて楽だと見抜き、若い女性を主役にしたことである。

農業従事者の中で女性の割合が高まったのは、もちろん男性が兼業に精出しているからだが、それだけではない。使いやすい機械の普及などで、男性ほど体力のない女性でも農作業をこなせるようになった。伸び盛りの花卉をはじめ、女性の感性がモノを言いそうな分野も広がってきた。

考えてみれば、女性の活躍は他産業ではとっくに当たり前のことになっている。おくればせながら農業もそういう時代に入ったというわけだ。とすれば、この小文の題名は「農業も女性が変える」と改めるべきかも知れない。

出しゃばれ!!　農村女性

（『日本経済新聞』一九九二年七月一二日「中外時評」）

ひょんなことから、四〇歳前後の女性三人と座談会をする機会があった。まずご紹介を。

Fさん。農家の一人娘だが、農業はしたくないと上京。ところが結婚した相手が「ぜひ農業を」というので故郷へUターン。カキと無農薬のお茶に打ち込んでいる。

Nさん。学生時代に沖縄旅行で知り合った野菜農家の長男と結婚。「君が書かなくなったら僕は寂しいよ」と言う夫に励まされて小説を書き続け、文学賞も獲得。

Yさん。テレビ局で働いていたが、恋人にひかれて開拓地入り。肉牛相手に奮闘するうち人工授精師の資格まで取る。『田舎暮らしはすてき』（家の光協会刊）という本も書いた。

もうお気付きの通り、三人はいずれも農家の主婦である。もしかしたら、あなたも「農家」とか「農業」とかにクラーいイメージをお持ちではないだろうか。しかし、この三人に関する限りその先入観を払しょくしていただきたい。生き生き、はつらつ、何よりも自分の意見をしっかりと持っている。

＊

そういう三人だから座談会は予定時間を超過してはずんだが、その折に一つだけ残念だったことがある。こんなに素晴らしい女性たちを、地元の行政機関も農業団体もあまり「活用」していないらしいことだ。なんともったいないことか。

　そんな矢先に、農山漁村の女性に関する中長期ビジョン懇談会がまとめた報告書「新しい農山漁村の女性　二〇〇一年に向けて」を読んだ。報告書は「めざそうとする女性の姿」を次のように要約している。

　農林水産業に携わっている場面で＝①仕事に誇りを持ち、充実感を得ている、②仕事において能力を十分に発揮している、③地域の農林水産業の方針決定の場に参画している
　家庭や地域で暮らしている場面で＝①農山漁村の良さを実感しながら暮らしている、②むらづくりの方針決定の場に参画している、③他の地域との交流を日常的に行っている
　どちらの場面にも「方針決定の場に参画している」が含まれている。逆に言えば、今はあまり参画していないということだ。先の三人にしても、ほかの目標は十分に達成しているが、「方針決定の場への参画」にはかなり遠いように見えた。

　日本の農業は高齢化とともに女性化が進み、就業者の六割を女性が占めている。兼業に励むご亭主に代わって、農業を一手に引き受けている女性も少なくない。しかし、それにつれて女性の発言権も強まっているかと言えば、なかなかそうは行かないのが実態だ。

　例えば農業協同組合の役員である。全国の農協には合計六万八六〇〇人の役員がいるが、そのうち女性はわずか七〇人、〇・一％にすぎない。

　農協は農業に直接関係する事業だけをしているわけではない。生活購買事業といって、組合員に生活用品を供給するのも大切な仕事である。こういう分野は女性の方が得意に決まっているのだから、せめて生活事業担当の役員ぐらいは女性にしたらいいと思う。

農協の役員といえば農村社会のリーダーである。これまでに一〇〇〇以上の農山村を歩いた明海大学教授・森巌夫氏によると、むらづくりのリーダーにあってならないものは四つの「ち」だという。（『地域おこし最前線』家の光協会刊）

ぐち＝愚痴。ぼやいてばかりいる。
むち＝無知。情報に弱く、アイデアが乏しい。
けち＝力を出し惜しみ、行動しない。
やきもち＝他人の成功や健闘をねたみ、足を引っ張る。

中でも始末が悪いのは男のやきもちではなかろうか。やきもち男の特徴の一つは、何かの時に女性が目立った働きをすると、自分の力量不足をたなに上げてけちをつけることだ。そうしておいて言うには「女性を登用したいのはやまやまだが、適当な人がいなくてねえ」。

もはやそういう時代ではあるまい。女性たちは遠慮なく出しゃばるべきだ。森氏はこうも言っている。

「『出る杭（くい）は打たれる』というけれど、中途半端に出ているから打たれるのです。出すぎてしまえば打たれません。だから、群を抜いてはみ出すことが必要なのです」（同書）

この際、全国の農村女性は一斉に「はみ出し運動」を始めてはどうだろうか。

*

ゲートボールを忘れた村

（『日本経済新聞』一九九二年一〇月四日「中外時評」）

〔問題〕次のカッコ内に適当な漢字を入れなさい。
一（　）一品運動
適（　）適作
答えはもちろん「村」と「地」。いたってやさしい問題だ。
しかし、大分県日田市・大鶴地区の人たちにとっては「村」でも「地」でもない。解答はこの先を読んでいただけば明らかになる。
今春まで大鶴農協の営農部長をしていた池永千年氏の実践報告を聞く機会があった。高齢化の進行と農業の不振で沈滞していた大鶴地区を、少量多品目生産の農業でよみがえらせた仕掛け人である。
永らく県の農業改良普及員をしていた池永氏が、大鶴農協に招かれたのは一九八四年だった。普及員としての池永氏は、「ウメ、クリ植えてハワイへ行こう」のキャッチフレーズで有名な大山町の一村一品運動を、技術面で支えたことで知られている。その池永氏が大鶴農協に再就職して約八年、ひとまず目的を果たしたとして退職するまでに、大鶴で何が起きたか。

＊

大鶴地区は林業で名高い日田市の西北部にある。地区の八〇％が森林に覆われ、耕地は五％しかない。農家一戸当たりの耕地面積は四四アールで全国平均のわずか三分の一。男たちは地域外へ働きに出なくてはならず、定年退職者を主体とする高齢者と、さまざまな年齢の女性たちが細々と農業を守ってきた。このままでは大鶴が高齢化の波に流されてしまう、という危機感が、池永氏を招いたきっかけだったようだ。

経営規模が小さく、大黒柱になる労働力が乏しいことを前提にすると、農業のありようもおのずから限定される。池永氏の立てた農業再建戦略は、①軽労働で健康に良い、②栽培がたやすい、③面積当たりの収益が多い、④農業先進地と競合しない――などだった。堂々たる大産地化など、初めから念頭にない。規模拡大による大量生産、コストダウンが農業の本通りだとすれば、大鶴はそのすき間を縫ってわき道を行こうというのである。

徹底的な市場調査を基に池永氏が選んだ道は、ホテル、料亭などが使う業務用高級野菜の少量多品目生産だった。具体的にはミョウガ、セリ、ハーブ、ツルムラサキといったたぐいである。同じ野菜でも、技術が出来を左右する（つまり個人差が大きい）キュウリやトマトには手を出さない。ていねいに栽培すれば確実に収穫でき、しかも軽いものを。ひところはやった「軽薄短小」という言葉が大鶴には生きている。

いま大鶴ではおよそ七〇種類もの野菜を作っている。池永氏は農家に「なにか一品ぐらい、商品作物を作りませんか」と呼び掛けた。「一戸一品運動」の提唱である。七〇種類の中から農家が好みの野菜を選んで栽培する。三〇代や四〇代の女性と七〇、八〇の高齢者では、作る野菜も違って当たり前。人に合わせて作物が決まるのだから「適人適作」と呼ぶ。

八四年に三五戸、五〇人だった一戸一品運動の参加者は年々増え、昨年は二二〇戸、三三六人になっ人も出てきた。

た。地区の農家のほぼ半分に当たる。平均年齢は六一・七歳だが、若い世代の中に農業をやろうという

＊

地域全体の野菜販売額は当初二〇〇〇万円にすぎなかったが、昨年は三億七〇〇〇万円。今年は四億三〇〇〇万円を目指している。農協にはじいちゃん、ばあちゃん、お嫁さん、それぞれの口座があり、めいめいの作った野菜の販売代金が振り込まれる。「私の野菜」意識が高齢者に夢を与えている。

高級野菜といっても高齢者主体の小規模生産では、個々の農家の所得はそれほど大きなものではない。幸い高齢者は年金を受けているから、野菜の所得はそれにプラスする格好になる。一戸一品の経済効果もさることながら、むしろそれ以上に、高齢者たちが野菜と取り組む中で新たな生きがいを得たことを重視したい。池永氏が実現したのは高齢化時代の「生きがい農業」だったとも言えよう。

一戸一品運動が軌道に乗るにつれて、大鶴では農家の高齢者たちがゲートボールをしなくなったという。ボールをたたく楽しみに勝る喜びを発見したのである。「やる気のある高齢者は夜明けが待ち遠しいと言い出した」と池永氏は語る。多くの高齢者たちが早すぎる目覚めを嘆くのと、ずいぶん対照的だ。

農業を選ぶ時代

（『公庫月報』一九九七年五月号「列島南北見てある記2」農林漁業金融公庫）

一九五九（昭和三四）年一〇月に新聞社へ入り、初めて担当したのが農林省だった。農業とはそれ以来のお付き合いである。この一月末に退社するまでの三七年余、途中で支局へ出たり、他の分野を受け持ったこともあったが、その間もなんとか農業との縁が切れなくてすんだのは、農業問題を真剣に勉強するジャーナリスト仲間の組織である「農政ジャーナリストの会」のお陰だった。

五九年は農林漁業基本問題調査会が発足した年である。初会合は私が入社するより前の七月七日だった。よく知られているように、この調査会が翌年出した答申「農業の基本問題と基本対策」は農業基本法のベースになった。そして私が退職した今年、農基法に代わる新基本法を準備する食料・農業・農村基本問題調査会がスタートした。私の記者生活は農基法とともに始まり、農基法とともに終わったと言ってもよい。

農基法の歴史とほぼ重なる記者生活の三七年間に、日本農業はどう変わっただろうか。コメが過剰になった、農産物の輸入が大幅に自由化された、農家の兼業化が進んだ、農業従事者が高齢化・女性化した、等々。いろいろな変化の捉え方ができる中で、私がつくづく感じているのは「農業を選ぶ時代」になったということである。

農基法ができたころ、農家は長男が跡を継ぐものと決まっていた。高度経済成長が軌道に乗るに従って、次男、三男は次々に都会へ出て行ったが、長男はそうはいかない。取り残されて荒れる長男を、親たちは「いい車を買ってやるから」などとなだめて農業をやらせるようになる。長男が農業を継ぎたいかどうかは問題外だった。

時代は移って、今の若者たちは車ぐらいで陥落するほど甘くない。長男であろうとなかろうと、親たちが無理やり子供に農業を継がせることはできなくなった。当然、後継者の数は激減した。その代わり、このご時世に農業を始める若者たちは、実にしっかりした考えを持っている。彼らは他産業に就業するのと比較検討したうえ、あえて農業をやろうと決意した。彼らにとって、農業は自分の意志で選択した職業なのだ。

一一年前、脱サラなどで新たに農業を始めた人たち、つまり農業への新規参入者を取材して北海道から鹿児島までの各地を歩き、雑誌に連載記事を書いたことがある。まだ国や自治体の新規参入者対策は手薄で、全国新規就農ガイドセンターなどの就農相談機関もできていなかったころである。「みんなが敬遠する農業を、なぜ」というぐらいの気持ちで取りかかった仕事だったが、一人また一人と取材するにつれて、すっかりのめり込んだ。彼らこそ「農業を選んだ」人たちだった。

その一人に、群馬県黒保根村で鉢花生産をしている坂本正次氏がいた。坂本氏は埼玉県の生まれで、実家は農家だったが、父親は農業に見切りをつけて商売を始めた。しかし、どうしても農業がしたかった坂本氏は、二五歳の時、新婚間もない夫人を伴ってこの村に移住した。何年かは新聞さえ購読できないほどの耐乏生活をしたというが、私が訪ねた時はすでに県下でも指折りの鉢花農家になっていた。やがてシクラメンやアジサイの育種でも知られる存在になり、九二年には全国農協中央会（全中）などの主催する日本農業賞・個別経営の部で天皇賞に輝いた。

ここで坂本氏の成功談を紹介するつもりはない。その時以来、坂本氏を再訪する機会もないままに過ぎている。しかし、私がいつまでも忘れないのは、「農業に新規参入して成功する秘訣は」という問いに対する坂本氏の答えである。「何よりも、やる気です」。明快だった。農業が好きで、やる気のある人が農業をやる。当たり前のことが、農業の世界では当たり前でなかった。

連載で取材した乗松精二氏（静岡県豊岡村）とは、それ以後も交流が続いている。兄が農業を継いだので建設会社に就職したものの、仕事に疑問を感じて退職し、実家とは別に借地ばかりで稲作を始めた人だ。この人からも多くを学んだが、ここで紹介したいのは、乗松氏の縁で知り合いになった藤本朝子さんである。藤本さんは同じ豊岡村で特産の次郎柿とお茶を栽培している。

彼女は農家の一人娘だが、農業がいやで美容師になろうと志し、東京へ出た。美容院で働くうちに知り合った吉紀氏と結婚することになったが、彼が意外にも農業をしたいと言い出したのである。「農業を始めたければ農家へ婿に入るのが早道」と言われる。吉紀氏はそれを地で行ったわけだ。

農業嫌いだった朝子さんが、農業を選んだ夫に引かれる格好で実家に戻ってからの経緯は省く。夫妻はすばらしい柿と無農薬のお茶を生産するようになり、私も中元や歳暮に愛用している。その朝子さんの子育てにまつわるエピソードがいい。

子供の一人がまだ小学生だったころ、「農業をやろうかな」と言い出したことがある。両親が一緒に生き生きと働く姿を見てのことに違いない。その時の朝子さんの返事はこうだった――「農業はねえ、しっかり勉強した人でないと出来ないのよ。あなたには出来るかな？」。

農業は優れた人間にしか出来ない。これは最高の農業教育だと思う。「農業は厳しい」「もうからない」「つまらない」と嘆く男たちが多い中で、これほど誇りと自信にあふれた言葉で子供に農業を語れる女性がいることに、私は心から感動した。

いま、どこへ行っても女性たちが元気だ。これもまた、三七年前には見られなかった現象である。

長野県中野市の清水照子さんに初めて会った時の印象は強烈だった。ご主人の幸三氏から稲作経営の話を取材しに行ったのだが、お宅へ着いたら照子さんだけがいて、「いま田んぼを回っています」と言う。とんだ誤算と思いつつ照子さんと話していたら、どの質問にもよどみなく答えてくれる。幸三氏が帰宅したころには全ての取材が終わっていた。

その照子さんこそ、九五年にできた全国女性農業経営者会議の初代会長である。彼女は『公庫月報』九五年一〇月号に、息子さんに言い続けてきた言葉を書いている。「これからの農業は（中略）すべての能力を兼ね備えた者がやる職業です」。

「田舎のヒロイン」の一〇〇株運動

（『農業』二〇〇四年一二月号「巻頭言」大日本農会）


最近『雪印100株運動』（田舎のヒロインわくわくネットワーク編、創森社刊）という本の一部を執筆する機会があった。「雪印」とは、二〇〇〇年六月に史上最悪の食中毒事故を起こした雪印乳業のことである。また「100株」とは、女性農業者の交流組織「田舎のヒロインわくわくネットワーク」の会員たちが、雪印支援のためにめいめい買った株の数を意味している。

雪印は乳業メーカーの中でもトップ企業だった。扱っているものは人間の健康に直結する牛乳・乳製品である。ずさんな衛生管理で食中毒を起こした雪印の社会的責任はきわめて重い。当然ながら世間の風当たりは強かった。「雪印なんか潰れればいいと思った」と言う消費者も少なくない。

そんな中で、「雪印を潰していいのか？」と悩んでいる女性たちがいた。わくわくネットワークの会員たちである。「雪印は確かに悪い。しかし食べ物を扱う以上、食中毒事故はどの会社でも起こり得る。これで雪印が潰れたら、社員や牛乳店が困るだけでなく、酪農家も最大の販売先を失うことになる。万一、外国企業に乗っ取られでもしたら、日本の酪農はどうなるのか……」。

こうして出た結論は、株を買うことによって雪印を応援するとともに、株主として監視し、要求もしようという運動だった。当時は売買単位が一〇〇〇株と決まっており、株価から計算すると四五万円余りになった。誰でも買うには少し荷が重い。ならば一〇人がそれぞれ一〇〇株ずつ、合わせて一〇〇〇株を買おう、ということに落ち着いた。

その後の経緯について詳しくは同書を読んでいただきたい。それ以後毎年、運動参加者の何人かが株主総会に出席し、農家の立場から発言した。彼女たちの提案で、雪印乳業に初めて女性の社外取締役が誕生した。社員が農家に出かけ、現場で話し合う「対話会」が、全国で一三回も開かれた。そこで明らかになったのは、乳業会社なのに社員たちがあまりにも牛と乳のことを知らない、という事実だった。

一〇〇株運動によって雪印は少しだが確実に変わった。と同時に、運動の参加者たちも自らが変わったと感じている。例えば自宅の工房で農産加工をしているIさんは、「自分もパンを作っているが、小麦の生産現場は知らない」ということに気づいた。以来、彼女はできるだけ現場の分かる知り合いから食材を買うようにしている。

来年三月、恒例により早稲田大学で開かれる田舎のヒロインわくわくネットワーク第五回全国集会では、一〇〇株運動の経験を踏まえて、「企業および生産者、消費者の社会的責任」について討論するという。企業はもちろんだが、実は生産者、消費者にも果たすべき社会的責任があるのではないか、という問いかけである。ヒロインたちの世界はどんどん広がっていく。

（『び〜ふキャトル』第五号、二〇〇六年四月
「巻頭言」全国肉用牛振興基金協会）

みんなで輝こう

手元にピンク色をした一枚の名刺がある。上部に名刺の主である女性と、彼女の飼っている堂々たる牛の写真が並んでいる。受け取ってから八年余りたって、名刺はさすがに少し色があせてきたが、彼女に会った日のことは今も忘れられない。

その日、雑誌の取材で彼女の家へ向かう途中、私は少し不安だった。事前に集められた情報が少なく、「肉用牛の繁殖で実績をあげている元気な女性グループのリーダー」という程度のことしか分かっていなかった。長らく農業記者をしてきたから、この種の取材には慣れていたが、やはり情報は多いほどいい。

未知の人に会える楽しみと、内容のある記事に出来るかどうか分からない不安。しかし彼女に会ったとたん、不安はたちまち消えてなくなった。彼女の属する和牛改良組合は組合員五六人のうち何と三八人が女性で、繁殖の実績も男性たちにひけを取らない。そのリーダーが彼女であり、彼女の育てた牛は県の共進会で最高のグランドチャンピオンに選ばれたこともある。ピンクの名刺を飾る写真がその牛だ

った。

けれども、私がいちばん驚いたのはそのことではない。終始ニコニコと優しい彼女が、「私の家では水稲が夫、繁殖牛が私と、夫婦の間で分担が決まっています」と、こともなげに語ったことだった。よほどの力仕事でない限り、彼女一人で子牛八頭を含む二三頭の世話をしているのだという。この話を聞けただけでも、はるばるやって来た甲斐があったと私は感じた。

よく知られているように、日本の農業就業人口の半分以上は女性が占めている。女性パワーなくして日本の農業は成り立たない。私も新聞に「出しゃばれ!!　農村女性」というコラムを書き、「女が変われば世の中変わる」と題して講演をするなど、一貫して農村女性を応援してきた。しかし、大家畜を相手に一人で奮闘している女性を、その時まで私は知らなかった。彼女によって改めて女性の底力を認識し、何となく「牛の巨体を扱うのは女性には難しいだろう」と思い込んでいた自分の勉強不足を恥じるとともに、大いに勇気づけられもした。

昨年、中央畜産会から刊行された『女性の視点』には、彼女に負けず劣らずの女性農業者たちが、きら星のように並んでいる。肉用牛の繁殖や肥育をしている女性は一六人。中には夫に先立たれながら、立派に経営を守り通してきた女性も二人いて、その精神的なたくましさに心を打たれずにはいられない。

そのように元気な女性たちが昨年、畜種を超えて「全国畜産縦断いきいきネットワーク」を発足させた。中央畜産会のホームページで発足式の記録を読んでいたら、かつて私の目を開いてくれた名刺の主もやはり参加し、発言していた。

ネット上で再会したその人は島根県大田市の神谷栄子さん。本誌の読者ならご存じの方も多いだろう。あの日、彼女から聞いた言葉を、今度は私から全国の女性農業者たちに贈りたい。
「一人ではなくみんなで輝こう」。

（『農業構造改善』二〇〇七年一月号
「食と農の歳時記10」日本アグリビジネスセンター）

歓迎、団塊さん

ベビーブームから六〇年

一月号がお手元に届くころ、新聞や雑誌には「団塊の世代」「二〇〇七年問題」という二つの言葉が氾濫しているに違いない。いや、団塊ブームはすでに昨年から始まっていた。あなたもきっと、あちこちでこれらの言葉を目にしておられることだろう。

「団塊の世代」という言葉が、一九七六年に堺屋太一氏が書いた同名の小説に由来し、敗戦直後の一九四七年から四九年までの三年間に生まれた人々を指すことはご存じの通り。それが二〇〇七年と結びつくのはなぜか。これまた言うまでもないくらいだが、日本の企業の多くは六〇歳定年だから、団塊の世代は今年から次々に退職の日を迎える。短期間に大量の退職者が吐き出されることで、社会にさまざまな影響が現れる。それが二〇〇七年問題である。

団塊とは要するにダンゴ状のかたまりである。三年間に生まれた人は八〇六万人に達し、日本中がベビーブームに湧いた。この層は五八歳から六〇歳になった今でも六八〇万人を数え、総人口の五％強を占める。人口のグラフを見ると、この部分だけが異常に膨れあがっているのがはっきり分かる。まさに「人口の団塊」である。

団塊世代は何かと目立つだけに、「ベビーブーム世代」をはじめ、その時々にいろいろな呼び方をされてきた。一九六八～六九年の大学紛争で全共闘が勇名を馳せたころ、彼らはちょうど大学生だったから「全共闘世代」。やがて家庭を持つと、家族そろってファミリーレストランへ出かける「ニューファミリー」に変身する。勤務先では全共闘時代とは打って変わって模範的な「会社人間」が多かった。高度経済成長の恩恵をたっぷり味わえたのは幸運だったが、出世街道には競争相手が多く、なかなかいい地位にありつけない「ポストレス世代」でもある。

農村との関係で言えば集団就職の世代とほぼ重なる。中学・高校の卒業生をまとめて大都市の就職先へ送る集団就職列車が走っていた。そのピークは一九六三年、団塊の世代が中学校を出るころだった。集団就職世代もまた、大卒組とは別のコースで高度成長期の企業戦士となった。

二毛作の人生を

世界一の長寿国である日本で六〇歳定年は早すぎる。元気な団塊世代がそう思っているだけでなく、日本の社会としても、彼らのエネルギーを活用しないのは大きな損失である。とりわけ農業は人手不足に悩んでいる。年金、医療、介護などの先行きが怪しくなる中で、少し不安な老後を迎えようとしている団塊世代を、ぜひ農村へ向かわせたい。

安倍晋三内閣が掲げる看板の一つは「再チャレンジ」である。対象には若者も含まれるが、団塊世代の就農を意識した再チャレンジのキャッチフレーズは「人生二毛作」だという。農水省もぬかりなく、二〇〇七（平成一九）年度予算案には「スロージんせい二毛作再チャレンジ支援事業」「農業再チャレンジ支援事業」などと銘打った新規事業や拡充事業が目白押しに並んでいる。もちろん地方自治体でも、「定年帰農者育成事業」といったたぐいの団塊世代対策はいずこも用意している。何しろ東京都までが「第二の人生に農業をやりたい人を増やす」と称して、「ト式百姓増殖機構」（「ト式」は「トーキョー式」の略）を設ける時代なのである。

北陸農政局が昨年、『団塊の世代ふるさとUターン物語』なるマンガ本を作った。都会に出て三〇年余り会社勤めをした男が、母親が倒れたのを機に故郷へ帰り、やがて集落営農のリーダーになる、というストーリーである。こんなにうまく運ぶかどうかはさておき、内閣府の「都市と農山漁村の共生・対流に関する世論調査」（二〇〇六年）によれば、都市に住む五〇歳代の男性では三八・二％が「農村や山村・漁村に住みたい」と答えている。「住みたい」からといっても全員が行動に移すわけではないし、まして農業をするとは限らない。しかし、とにかく団塊世代は数が多い。ほんの一部でもU・Iターンで就農すれば、農業・農村が活力を取り戻す一つのきっかけにはなるだろう。

団塊のための農業哲学

当然ながら、就農願望の成否を左右する最大のカギは本人の意欲であり信念である。自らも団塊の世代に属する作家・三田誠広氏が、老後の生き方を書いた『団塊老人』（新潮社刊）の中で、団塊世代が持つべき「老後の哲学」を三つのポイントにまとめている。

①愉しく働く。可能な限り働き続ける。
②自分の居場所を確保し、生きることの充実感を維持する。

③少ない費用で喜びを得られる文化的な趣味をもつ。

まことにその通りだが、考えてみれば、三つのポイントはそっくり農業への再チャレンジにも当てはまるのではなかろうか。

まず①は、これこそ農業の特性であると断言できる。何歳になろうと、また性別を問わず、健康でさえあれば、田畑にはそれ相応の仕事がたくさんある。

②の居場所とは、生きることの充実感を得られるところを指している。三田氏のお勧めはＮＰＯを作ることらしいが、それより農業を始めれば、たとえネコのひたい程度の菜園であっても、田畑そのものが最も充実した居場所になる。会社の都合で仕事に追いまくられるサラリーマンと違って、農業は自分で時間の使い方を決められる。狭い家でゴロゴロして、家族から濡れ落ち葉扱いされる恐れなど全くないのが農業である。

最後に③だが、今や農地の絶対量は余っているから、ぜいたくを言わなければ安く借りられる。そこでは一粒の種、一本の苗が何倍、何十倍もの実りをもたらす。周りには季節感あふれる風景が広がっているから、ひと休みしながら俳句の一つや二つはいつでも作れる。二毛作目の人生であれば、農業は実益を伴う高尚な趣味みたいなものではないか。

どうです団塊の皆さん、二毛作人生に踏み出すハラは固まりましたか？

4

地域・六次産業化

「これっしか」

（『日本経済新聞』一九八八年八月一六日「春秋」）

帰省の時、Uターンの時、土産選びには苦労する。名の通ったものはどこでも買え、珍しくも何ともないからだ。いっそのこと、例えば九州から帰る人は、JR九州が博多駅で売り始めた果汁飲料なんかどうだろう。少々重いのが玉にキズだが、この駅でしか買えないから、珍重されること間違いない。新幹線掛川駅（静岡県）の構内に七月、「これっしか処（どころ）」という店がオープンした。掛川市があるデパートと共同で作った特産品店だ。同市と周辺市町村から集めた三五〇〇品目をそろえている。「これっしか」とは、これしかない、よその店では売っていない、という意味。一角には旬（しゅん）の物ばかりの「いまっしか処」もある。買いたい人は掛川へどうぞ、というわけだ。

地方の特産品でも全国販売を目指すものが多い中で、二つの例のように逆を行く動きが出てきた。掛川の特産品でいえば葛布（くずふ）など、もともと量産するものではないから、「掛川へきてくれたあなただけに」と売る方がありがたみがありそうだ。買った人も、ほかでは手に入らないことを自慢できて、旅の楽しみが膨らむのではないか。

「これっしか処」の客には地元の人が意外に多いという。なるほど、土産はよそから来た旅人が買うだけではない。掛川から出かける人にとっても、これっしかない土産は話のタネになる。地元の人がふるさとを見直すきっかけになれば、この店の効果は倍増する。榛村純一掛川市長はかねがね、「これっしか文化を磨く」という言葉で地域おこしを提唱してきた人だ。

（『日本経済新聞』一九八八年一一月一九日「春秋」）

箸一膳に込める思い

ものは器で食わせる、という。京料理など、その最たるものだ。しかし、料理と器の華やかさだけでなく、控えめな箸の存在も忘れてほしくない。箸は食事の良き助演者だ。少し気をつけて見ると、この二本の棒、単純なようでいて材料も形も実に変化に富んでいる。

工芸のまちづくりを進めている宮崎県綾町で、イスノキ（柞）の箸を買い求めた。帰宅して使ってみたら、時々、小粒の豆などをつかみ損ねる。どうやら先端三、四ミリが急角度に細く削られているせいらしい。全体を少し細めにして、先をとがらせない方が使い勝手がいいのではないか。そんな素人考えを、案内してくれた県庁の人への礼状に書き添えたところ、ほどなく綾町役場から返事が届いた。

イスノキの箸は柾目（まさめ）のものが極上だが、それでは材料の無駄が多過ぎる。そこで残った板目の部分を利用して、手軽に買える普及品を作る。板目であまり細いと、ヒノキや竹と違って欠ける恐れがあるため、やや太めにする。しかし、太ければ芋を刺すのに不便という意見もあり、わざわざ手をかけて先を削っているのだという。文末に、今後はとがらせない箸も製作するつもり、とあった。

どんなに賢いコンピューターが生まれても、千差万別の木材を適所に使い分けるのは人間の方が圧倒的にうまい、と飛驒の工芸家・稲本正さんが書いている（『森からの発想』ＴＢＳブリタニカ刊）。わずか四〇〇円の箸一膳にも、イスノキをとことん生かして使う製作者の苦心がひそんでいることを、綾町からの手紙は教えてくれた。

（『NOSAIちば』一九八九年三月号「視点」千葉県農業共済組合連合会）

種をまく人

昨年一一月から『西日本新聞』に連載されていた聞き書きシリーズ「種をまき夢を追う」が、一二月一二日の第七八回で終わった。新聞や雑誌の連載記事で、近ごろこれほど感動しつつ読んだものはない。九州の新聞だから郵送で購読しているのだが、毎日が待ちどおしいという気持ちを久し振りに味わった。

語り手は大分県大山町がまだ村だった当時の村長で、農協組合長でもあった矢幡治美氏である。大分県と言えば、今や誰もが一村一品運動を思い出す。この運動のモデルが大山町であり、それに火をつけたリーダーが矢幡氏である。

山間のへんぴな村だった大山町は、コメと牛の農業から果樹、エノキダケ、ハーブなどへの転換を進めてきた。軽労働で収益性が高い作物をとことん追求した結果である。その最初のキャッチフレーズが、有名な「ウメ、クリ植えてハワイへ行こう」だった。

大山町は最近、コメづくりをやめた町としても新聞をにぎわしている。やめたと言っても町民の食べる分は生産するのだが、それにしても、町と農協がいっしょになって「政府に売るコメを作らない」と宣言した話は、他では聞いたことがない。コメ以外の作物がしっかり根を張って、コメの収入に頼らなくてもよくなったということだ。

大山の村づくりを紹介するのはこの原稿の目的ではない。知りたい人は平松守彦『一村一品のすすめ』（ぎょうせい刊）、五十嵐冨英『地域活性化の発想』（学陽書房刊）などを読むとよい。私がもの書きの一人として、連載を読みつつ感嘆したのは、矢幡氏のキャッチフレーズづくりの見事さだった。そのいくつかを、本誌の読者にお伝えしたい。言ってみれば「矢幡語録」の一端である。

NPC運動――山間の狭い水田と肉牛飼育を主体とする農業から抜け出し、貧乏と重労働をなくすために始めた「ウメ、クリ植えよう運動」を、矢幡氏はこう名付けた。

「ウメ、クリ運動じゃピンとこんし、若い者にも受けんと思う。そこで、ニュー・プラム・アンド・チェスナッツ、名付けてNPC運動でいこう」（『西日本新聞』から。以下、引用は同じ）

厳密に言えばプラムはウメでなくスモモだろうが、そんなのは大したことではない。今から二八年も前の一九六一（昭和三六）年、つまり農業基本法が制定されたその年に、それも（あえて失礼な言い方をするが）九州の山間の村で「NPC」などというしゃれた言葉を使って運動を始めたセンスに驚く。

しかもそれは第一次である。第二次は「ニュー・パーソナリティ・アンド・コンビネーション」（人づくり）、第三次は「ニュー・パラダイス・コミュニティ」（素晴らしい暮らしの環境づくり）と、同じNPCでも中身が変わってくる。いや、変わったのではなく、積み上げられると言うのが正しいだろう。一～三次が「混然となって相乗作用を生み出すという関係」なのだ。

週休三日農家――大山方式の農業は少量多品目生産である。例えばウメなら一戸当たり三〇アールを限度とし、早生、中生、晩生それぞれ一〇アール（約二〇本）ずつ植える。収穫期がずれるから、「午前中の気持ちのいいときに、夫婦でハナ歌交じりで農作業ができてしまう」。

これはウメだけの例だが、他の作物についてもこういう具合にして、一日四時間働けば週に二八時間。サラリーマンの労働時間が一日七時間として（実際はずっと多いが）、二八時間は四日分になる。あとの三日分は労働なし。つまり週休三日となる。

月給（旬給）農業とボーナス——月々（ないしは一〇日ごとぐらいに）ある程度の収入がある作物と、年に一度まとまって収入のある作物を組み合わせる。クレソン、ニラ、アスパラガス、ミョウガなど、果樹の根元などをちょっと利用してキメ細かく収入をあげる。これを「樹下栽培」と呼び、「月給」「旬給」の元になる。短時間の軽労働で済むので、老人も参加できるところがいい。これに対し果樹などは、サラリーマンのボーナスに近いという考え方。ちなみに大山町の農家の平均農業収入は、県平均の三倍を超える。

百足（むかで）農業——経営の柱になるのはウメ、クリ、エノキダケなどだが、限られた作物に依存しすぎるのは危ない。「ムカデは足がいっぱいあるから決して転びません」。大山には作物が五〇以上もある。「樹下栽培」もその一部である。

トン農業からグラム農業へ——規模が小さく、市場にも遠い大山で、重厚長大なものを作っても他産地に勝てない。「遠い市場に出すのに一キロ一〇〇円の運賃がいるのを、一〇〇グラムなら一〇円で済む」。トン単位で計るものでなく、グラムで売るものを作ろう。

きりがないから、この辺にする。「私はこの三〇年間（中略）小さくてもいいから、新しい芽が出てくれないかと念じつつ、せっせと種をまいてきたにすぎない」と言う矢幡氏。この優れたシーダー（種をまく人）は村長時代、「職員より先に帰ったことは一度もなかった」。

元祖ふるさとクーポン

（『日本経済新聞』一九九〇年一一月一八日「春秋」）

山形市で「ゲソ天そば」を初めて食べた。天ぷらそばのエビ天の代わりに、イカの足をかき揚げ風に揚げたものが載っている。山形のそばはうまいと聞いていたが、そのそばとゲソ天がよく合う。ごちそうしてくれた人は「こんな安いものでおもてなしとは」とけんそんしたが、なあに、味は値段と無関係だ。

内陸の山形でタイやマグロを賞味しようとは、もともと期待していない。その点で見事だったのは、同じ山形県の西川町にある山菜料理店だ。山の幸以外はいっさい出てこない。山菜にはこんなに種類があったのかと、びっくりするほど皿が並ぶ。素朴な材料を洗練された料理に仕立てる腕前。店主の研究心が一品ごとに舌に伝わり、山菜尽くしでも飽きることがなかった。

その西川町は「ふるさとクーポン」の元祖として有名だ。都会の人たちに二万─五万円のクーポン会員券を買ってもらい、年に数度、町の特産品を送る。このごろは多くの農山村が似たような事業をしているが、なぜ西川町のクーポンが長続きし、いまだに人気を得ているのか。その秘密は「西川の生活文化そのものをお届けしていることでしょうか」と町役場では言う。

丹精した品々を箱に詰める時、それを地元の新聞で包む。そこには山形の情報が満載されている。手書きの便りを一緒に入れる。季節の花を一輪添える。あるいは稲穂やモミジの葉、グミの実なども。ビニールのひもはなるべく避け、ワラなどで縛る。受け取った人が始末しにくいゴミを減らすためだ。送り手のこまやかな心配りが、ふるさとの味をいっそう引き立てる。

（『日本経済新聞』一九九一年七月七日「春秋」）

「ひとめぼれ」に託す夢

五月中旬に米価審議会の委員一五人が宮城県下を視察した際、古川農業試験場でコメの味比べをした。コメの名を伏せたご飯が三種。結果は一人を除き全員が同じコメを一位にあげた。地元の人たちはしてやったりという表情。断トツの評価を得たコメは、この試験場が育てた新品種「東北１４３号」だった。

その「東北１４３号」に農水省が「ひとめぼれ」という品種名を付けた。「一目ぼれするようなおいしさと外見の美しさ」が命名の由来だという。宮城県はご存じ「ササニシキ」の本場だが、「ひとめぼれ」はライバル品種「コシヒカリ」の血を受け継いでいる。大黒柱の「ササニシキ」が少々バテ気味なだけに、この大型新人にかける県民の期待はいやが上にも高まる。

県が品種名を公募したところ、全国から四万件近い応募があった。旧仙台藩主の姓である「伊達」や青葉城の「青葉」、それに県花の「萩」などを取り入れた名が多かったが、地元としてはちょっとくやしいことに宮城県らしいものは全部ボツ。古川農業試験場は国指定の試験地だし、ほかの県でも栽培できるので、特定の地域を連想させる品種名はまずいという理由だ。

コメの世界では「あきたこまち」「キララ397」など新品種の台頭が著しい。宮城県には「ササニシキ」という大横綱がいたため、新人の養成では一歩遅れた。なんとしても巻き返しをと、県では各地に「ひとめぼれ」専門の「栽培塾」を設けて農家を指導している。初登場のこの秋、日本中の消費者を「ひとめぼれ」させられるかどうか。宮城県民の「かたおもい」に終わらないよう祈りたい。

（『農林金融』二〇〇一年一〇月号「談話室」農林中金総合研究所編集、農林中央金庫刊）

遊休農地がお宝に変わる

日本農業賞の集団組織の部で大賞を受賞したＪＡ甘楽富岡（群馬県富岡市など五市町村の合併農協）を、やや遅ればせながら訪ねた。わずか四時間余りの見学ではあったが、営農事業本部長・黒澤賢治氏の活力あふれる話にはただただ脱帽のほかなかった。

ＪＡ甘楽富岡の管内はほとんど全域が中山間地域で、もともと養蚕とコンニャクが農業の柱だった。水田は少なく、農家でも米を買うことが多い。農家と農協の経営を支えてきた二本柱は貿易自由化の進展で壊滅的な打撃を受け、管内には遊休荒廃農地が広がった。ＪＡ甘楽富岡は女性と高齢者に少量多品目の野菜づくりと直売を呼びかけ、徹底した営農指導と販売努力で地域農業をよみがえらせた。直売部会の会員は年々増え、それに反比例して遊休荒廃農地は減ってきている――。

ＪＡ甘楽富岡の地域農業振興戦略と実践の経緯について詳しく述べる紙幅はないが、最小限の要約をすれば以上のようになる。幸い参考になる冊子が二冊も出版されている（『ＪＡ甘楽富岡のＩＴ革命』

と『JA甘楽富岡に学ぶIT時代の農協改革』、どちらも農文協刊）から、それをお読みいただくことにして先を急ぎたい。

直売所の開設を機に女性や高齢者ががんばる、という事例はあちこちにある。自分で選別、パッケージし、値付けもしたものを直売所へ持ち込み、売れ残ったら自分の責任で引き取る、という販売方法もごく普通になった。ＪＡ甘楽富岡でもこうした方法は同じだが、決定的に違うのは、直売部会の会員にステップアップの道が開かれていることである。

新たに野菜づくりを始めた女性や高齢者は、まず地元の直売店「ファミリー食彩館」に出荷する。ここでは量も価格も生産者の都合で決め、残れば引き取る。言わば自給の延長としての直売であり、「食彩館」が初心者のトレーニングセンター機能を果たしている。

少し自信がついたら、今度は量販店や生協の店舗内に設けた直売コーナー（インショップ）での販売に挑戦する。インショップでの販売は数量、価格とも事前に決める買い取り制で、残ったら引き取るという面倒はないが、その代わり約束した出荷量を確実に守る義務がある。その日の都合で出荷量が変わるようではいけない。さらに本格的な専業農家となると、八品目の「重点野菜」を中心に量販店、生協との安定取引を目指す。このように、努力しだいで次のステップへ上がれるような販売チャネルが用意されている。

初心者が安心して農業を始められるように、ＪＡでは「チャレンジ21農業栽培方針」を作っている。品目ごとに栽培方法を分かりやすく説明したマニュアルで、何と一八二ページもある。一九九四年の合併当時三四人だった営農指導員は現在五三人、そのうえウデのいい専業農家二五人を「営農アドバイザリースタッフ」に委嘱しており、年に数十回も講習会を開く。「食彩館」のオープン当初、出荷者はわずか三二人だったが、徹底した指導の結果、インショップも合わせた直売部会員は一二〇八人に達した。脱落者は一人もいないという。

ＪＡはこの春、「遊休荒廃農地利活用プロジェクトチーム」を発足させた。桑園を中心に一二〇〇ヘクタールもあった遊休荒廃農地は、女性と高齢者の活躍で九〇〇ヘクタールまで減ったが、これをとことん活用したい。

目下の構想では、少量多品目の生産者をさらに一五〇〇人増やして六〇〇ヘクタールを野菜に向ける。需要は応じきれないほどあるのだから、もっともっと生産を増やしたいのである。傾斜の急な三〇〇ヘクタールには花木と梅を植え、牛を放牧する。一部は防災公園とクラインガルテンに充てる。無惨な姿をさらしている遊休荒廃農地が、こうして「農業を機軸とした地域づくり」のお宝に変貌する。ちなみに管内では中山間地域への直接支払いを受けていない。補助金を受けるより生産を伸ばして遊休荒廃農地をなくそうというのである。

大型合併が進むにつれて「農協が遠くなった」と言われることが少なくない。有力な組合員の「農協ばなれ」もあるが、逆に農協の「組合員ばなれ」も指摘されている。ＪＡ甘楽富岡の実践は、農協が本気になれば何が出来るかを証明している。

「0円リゾート」の株主総会

（『農業構造改善』二〇〇四年七月号「アグリの窓」日本アグリビジネスセンター）

ファンづくりに力入れる企業

毎年六月下旬には三月決算企業の株主総会が集中する。今年の株主総会の特徴は、個人株主の出席率を高めようと知恵を絞る企業が多いことだという。通り一遍で何の面白みもないものと相場が決まっていた株主総会も変わりつつある。

例えばサンリオは自社が経営するテーマパークで総会を開く。株主本人のほか家族三人までが無料で入場でき、アトラクションは乗り放題だという。高級フランス料理店を展開する「ひらまつ」も自社のレストランを会場にする。立食でフランス料理を食べながら経営者の説明を聞く。総会後に自社の商品を味わってもらう場を設ける企業としてはカゴメやアサヒビールの例が知られている。

企業はなぜ個人株主を大事にするようになったか。ひと口に言えば個人株主をファンにして安定株主になってもらおうというのである。ワタミフードサービスの渡辺美樹社長は「来場した全員を当社のファンにしたい」と語っている。同社の総会には株主の同伴者なら誰でも入れ、授乳室やキッズルームも設ける。また出席した株主にはワタミの店で使えるクーポン券を提供する。開催日も平日でなく、土曜日に変更した。

というようなニュースを見て、船方農場グループ創業者の坂本多旦（かずあき）氏はたぶん「一〇年遅れているよ」とほくそ笑んでいるのではなかろうか。「一〇年」は大げさでも何でもない。同グループの「株式会社みるくたうん」はもう一四回も、農場内で家族ぐるみの株主総会を開いているのだから。

（株）みるくたうんの総会を傍聴

山口県阿東町の船方総合農場を訪ねたことのある人はご存じのように、船方農場グループは農業生産法人の（有）船方総合農場、加工・販売部門の（株）みるくたうん、交流部門の（株）グリーンヒル・ATO（アトー）の三社を「みどりの風協同組合」が統括する構成になっている。このうち（株）みるくたうんの株主総会は毎年、四月二九日の「みどりの日」と決まっている。筆者はこの春、総会を傍聴させてもらった。

傍聴記の前に（株）みるくたうんの株主について述べておこう。株主は現在六五一人で、その大部分は消費者や地域の住民である。資本金（一億六四五万円）の割に株主数が多いのは、一人当たりの出資額を五〇万円までと制限しているからである。仮に五人家族が全員の名義で最高額を持ったとしても二五〇万円ということになる。（株）みるくたうんの株主は「ふるさとの農業を守る応援団」という位置づけだから、人数は多い方がいいのである。

一〇時半の開会時間が近づくと、家族連れの株主たちが次々にやって来た。若い夫婦から定年退職者らしい人まで、顔ぶれはさまざまである。受付で新製品のチーズアイスクリームをもらって席に着く。一緒に来た子どもたちの多くは農場のあちこちで遊んでいる。少し遅れて来た株主たちも含め、合計約七〇人が出席した。

初めに坂本代表取締役があいさつに立った。その中では会社がまだ株主に配当をしていないことにも率直に触れつつ、「昨年、船方総合農場の経営は厳しかった。みるくたうんは地域の農業を守る会社であり、輸入原料で安い製品を作るようなことはしないから、生産部門の船方総合農場が大変なら原料価格を上げて買ったりしなくてはならない」「チーズ部門は赤字だが、何とか山口県でチーズを作り続けたい。そのために一年がかりでチーズアイスも開発した」などと、ざっくばらんな口調でこの会社の理念を説いた。

株主からは鳥インフルエンザの影響を心配する質問があったほか、「会社の知名度を高めるため阿東町以外に販売拠点を設けるか、せめて看板ぐらい出してはどうか」という具体的な提案も出された。これに対し会社側からは、「かつて牛乳のアンテナショップを出したことがあったが、半年間で三〇〇万円の赤字を出したため撤退を余儀なくされた。近く山陽町に開設する新農場には販売施設も設けたい」とていねいに説明した。

楽しみながらの食農教育

なごやかな雰囲気のうちに総会が終わると、農場の一角にあるバーベキュー・コーナーで昼食が始まった。役員、社員が総出で接待に当たり、昼食会はそのまま株主との交流の場になる。目の前に牧場と山の緑が広がり、景観は最高である。牧場では子どもたちが乳しぼりに挑戦する。

やがて全員に小さなプラスチック容器が配られた。この容器に絞りたての牛乳を入れ、バターづくりをするのだという。船方農場で新規就農した非農家出身女性の指導で、ほどなくフレッシュなレーズンバターができ上がる。バーベキューの火できつね色に焼いた食パンに、手づくりのバターを塗って食べるおいしさ……。

といった具合で、株主たちは家族ともども一日たっぷり楽しむと同時に、農業や食べもののことを学んで帰ることになる。いま「食育」あるいは「食農教育」の大切さが叫ばれているが、ここで行われる株主総会とその後のイベントは食農教育そのものだと感じた。

船方総合農場は早くから「0円リゾート」と称して、実際に生産活動が行われている農場の一部を無料で消費者や子どもたちに開放してきた。入場料を取るより、農業の現場を見せ、タダで遊んでもらうことによって農場のファンづくりをしようというのである。そもそも（株）みるくたうんは、そのようなファンの間で「船方総合農場で生産される牛乳を飲みたい」という要望が高まったことから生まれた会社なのである。0円リゾートを活用した株主総会は、一般の企業が最近始めたことをとっくに先取りしている。

（『農業構造改善』二〇〇六年五月号「食と農の歳時記2」日本アグリビジネスセンター）

地域の「お宝探し」

直売所向け野菜の登場

種苗会社が農産物直売所向け野菜品種の開発・販売に力を入れ始めた、という新聞記事（『全国農業新聞』三月一七日号）を読んで、ようやくそういう時代になったかと思った。園芸会社のホームページで春まき野菜を探すと、確かに「直売向け特選種」「生産者直売用の小規模栽培にも好適」などと銘打った品種が見つかる。直売所は卸売市場経由の大量・広域流通とは異なる道を切り開くものだから、それにふさわしい品種があって不思議ではない、というより、ない方がおかしいのである。

直売所は有人の施設だけでも全国で一万を軽く超え、総販売額も推計五〇〇〇億円とか六〇〇〇億円とかいわれるほどになった。直売所人気が急上昇していた二〇〇一年に日本農業研究所が農水省の委託で行った調査の中で、首都圏居住者に「農村を訪れた目的」を訊ねた（複数回答）ところ、「朝市や農産物直売所での買い物」が五五・六％でトップを占めた。地元の消費者だけでなく大都市住民にとっても、直売所はぜひ行ってみたい場所になっている。参考までに記せば、二位は「観光農園での果実もぎとり等、観光牧場での搾乳体験」四八・九％、三位は「ふるさと料理など特産、名物料理の食事」四〇・六％である。

「発見の楽しみ」

直売所が伸びてきたのは消費者の支持があったからだが、では消費者はなぜ直売所を訪れるのだろうか。

理由は人によってさまざまだろう。新鮮でおいしい、値段も安い（私の目から見れば、安く付けすぎていると思えることさえあるが）、生産者が交代で店頭に立つなど作り手のカオが見えるから安心できる、等々。いずれもその通りだが、評判のいい直売所をあちこち取材していると、もう一つ大事なことがあると感じる。それは「発見の楽しみ」ということではないか。

繁盛している直売所では、必ずと言っていいほど「これ何？」というものに出くわす。名前だけ知っていた伝統野菜だったり、その地域にしかない品種だったりで、お目にかかっただけでも何となくトクをしたような気分になる。「未知との遭遇」が直売所のうれしさである。

もう一つは、量産型でない加工品や調理食品に売れ筋商品が多いことである。地域の農家による手作りの品だから、スーパーはもちろん他の直売所にも並んでいない。見かけよりは質の良さで固定客が多い。直売所の売り上げを左右するのは加工・調理食品だとされるが、こういう品物を見ればなるほどと納得がいく。

消費者に「発見の楽しみ」を味わってもらうには、地元としても「お宝探し」をする必要がある。JA共販の大量生産・大量出荷ルートからはみ出して忘れられた作物や、手作りならではの加工品、伝統的な工芸品などの復活である。

そうしたモノの再発見は、それを作るヒトの発掘にもつながる。「お宝」とはモノとヒトの両方を指している。

JA甘楽富岡の戦略

JA甘楽富岡（群馬県）が一九九六年に直売所を開設した際、管内で栽培されている野菜を洗いざらい数え上げたところ、煩悩（ぼんのう）の数ではないが一〇八品目もあった。管内はかつて養蚕とコンニャクで栄えた中山間地域だが、輸入品の増加と食生活の変化でどちらも衰退し、耕作放棄地が広がっている。農業を立て直すには発想を転換し、女性と高齢者の力を借りて多品目少量生産の野菜を増やす以外にない、というのがJAの戦略だった。

一〇八品目の野菜の多くは卸売市場流通から脱落し、いわば自給の延長として栽培されていたものである。ＪＡは徹底した栽培指導によって、こうした野菜を商品化した。市場向けの共販ではほとんどカヤの外に置かれていた女性と高齢者が、直売所では主役になれた。体力では青壮年にかなわなくても、多品目少量生産の野菜なら、こまめに手入れすれば十分に太刀打ちできる。

ＪＡ甘楽富岡はよく知られているように、朝どり野菜を東京のスーパーの開店に間に合わせ、店内に設けた独自の売場（インショップ）で直売する方式の大成功によって、二〇〇〇年度日本農業賞・集団組織の部の大賞に輝いた。その出発点には、地道な「お宝探し」と、「お宝」に磨きをかける栽培指導があったことを見落としてはなるまい。

もちろん、共販ルートに乗る量産型農産物が直売所には不要だというのではない。ごく小規模な店は別として、直売所といえども、毎日の食卓の基本となる品目を「定番」としてそろえるのは、買い手の立場を考えれば当然である。「定番」に加えてさらに「発見」があれば、近年よくいわれるＣＳ（顧客満足度）もぐっと高まる。そのための「お宝探し」なのである。

「これっしか」の魅力

東海道新幹線の掛川駅（静岡県）に「これっしか処（どころ）」という地域特産品コーナーがある。一九八八年にこの駅ができた時、掛川市と周辺市町村が全国へ向けての情報発信基地として開設した。「ここでしか買えない」商品、「この時期にしか食べられない」商品が並んでいるから「これっしか」だという。直売所の魅力の一つも、まさしく「これっしか」ではなかろうか。「これっしか処」の意外な効果は、地元の人たちが自慢できる産品をここで再発見し、ふるさとに誇りを持てるようになったことだ、と榛村純一市長（当時）から聞いたことがある。

先の新聞記事によると、ある種苗会社の直売所向け品種のコンセプトは、①個性的で、目を引く、②食味がいい、③作りやすい――の三つだという。「作りやすい」は直売所の出荷者に多い高齢者や女性を意識したものだろう。

種苗会社でさえマイナーながら個性ある作物に着目するようになった事実は、直売所の影響力を物語っている。直売所も競争の時代に入った今日、もう一度足下を見直し、地域の「お宝探し」に取り組みたい。

（『農業構造改善』二〇〇八年八月号「アグリの窓」日本アグリビジネスセンター）

消費者に支えられる直売所

四年間で一五〇万人

私の住んでいる千葉県柏市に農産物直売所「かしわで」が開店してからまる四年。この店を経営する株式会社アグリプラスの染谷茂社長が、記念包装のお米と花を届けて下さった。

四年目の売り上げは七億七〇〇〇万円、開店以来の来客数は一五〇万人に達したという。二二〇戸の農家が出荷し、店では常勤の従業員五人とパートタイマー六〇人が働いている。直売所のコンサルタントとして知られる田中満氏の『人気爆発・農産物直売所』（ごま書房刊）でも、全国の優良事例三二店の一つに加えられた。

JA直営の大型直売所（ファーマーズ・マーケット）なら年商七億円は珍しくない。しかし、アグリプラスは市内の農家一五人が自力で設立した会社であり、社長の染谷氏も本業は稲作農家である。五年ほど前だったか、染谷氏から直売所を始めたいという話を聞いた時、「人口三三万人（当時）の柏市に今まで直売所がなかったのがおかしい。ぜひやるべきだ」とハッパをかけたものの、ここまで急成長するとは嬉しい誤算だった。

長年のお付き合いで、染谷さんなら大丈夫と信じてはいたが、「かしわで」と前後して柏市と周辺には大型ショッピングセンターが四つも進出したから、心配がなかったと言えばウソになる。さすがにスタートからしばらくの間は苦戦したらしいが、その後は順調そのもの。開店時間には行列ができるほどの繁盛ぶりである。

農民作家の山下惣一氏がいつも言っていることだが、輸入農産物に押されっぱなしの日本農業にも一つだけ圧倒的に有利な条件がある。それは何か。

「生産者のすぐそばにたくさんの消費者がいる。生産と消費が混住混在しているということである。こんな国はほかにはない」（『直売所だより』創森社刊）。

農家にとっては時に迷惑な混住化の進行も、少し見方を変えれば、周りにお客さんがいっぱいいるというプラス要因になる。「かしわで」には追い風も吹いていていた。

バナナを置かない店

柏市は東京の都心から直線距離でほぼ三〇キロ、隣の町と合併して人口は三九万人に膨らんだ。今春とうとう「中核市」になった柏市だが、実はネギ、カブ、ホウレンソウの特産地というもう一つの顔を持っている。「柏にはすごい農家がたくさんいますよ」と言うと、知らない人はびっくりするが、実際にそうなのである。失敗すれば出資金が吹き飛ぶ直売所の経営に、一五人がリスク覚悟で乗り出したのも、自分たちの生産する農産物に誇りを持っていたからに違いない。

二一世紀に入って間もなく、安い中国産ネギの輸入が急増し、柏の農家も痛い目にあった。ネギ以外の農家も「次は自分の番かも知れない」と危機感を強め、仲間で勉強会や先進地視察を繰り返す中で、「生き残るには直売所を作るしかない」とハラを固めた。背水の陣で立ち上げたのが「かしわで」だった。

「かしわで」はまず地元産、そして地元にないものも国産にこだわる。だからこの店には、消費者に人気のあるバナナがない。たまにあるとすれば、それは沖縄県産である。

初めのころは「輸入品は扱わないといっても、せめてバナナぐらいは置いてほしい」という消費者の要望も強かった。「客のほしがるものを置くのは店として大事なことだ」と〝忠告〟してくれた人もいるという。しかし、一五人のサムライは頑固に既定方針を貫いてきた。輸入農産物から柏の農業を守るために作った直売所だから、たとえ消費者の注文でも輸入品は扱わない。そこがスーパーとの違いである。

ほとんど忘れられているが、JA全中は二〇〇三年に「JAファーマーズ・マーケット憲章」を制定した。JAの運営する直売所が守るべき基本理念と七項目の運営指針を掲げたもので、指針には明確に「輸入農産物は取り扱いません」とある。「かしわで」はJAの店ではないが、最も見事にJAの憲章を体現している。

匿名の消費者たち

染谷氏は『農業共済新聞』に昨春から月一回のペースでコラムを連載している。昨年一〇月一週号ではこんな逸話を紹介した。

ある日、野菜についてクレームの電話があった。染谷氏が出て丁重に詫びを述べ、返金または代替品をと申し出たが、客は名前も電話も教えない。そして言った。

「お金やモノが欲しくて電話しているのじゃない。いつも利用しているかしわでにふさわしくないものを売っているから注意をしただけだ」

別の客は会計の時、「お米の中にこんなものが混じっていた。生産者に注意をするよう伝えてほしい」と、やはり名前も告げず、異物の入ったポリ袋を渡した。

クレームにもいろいろある。相手の弱みにつけ込んで度が過ぎた苦情を述べ立て、果ては理不尽な要求を持ち出したりする「クレーマー」がはびこっているこの時代に、「かしわで」は何とありがたい消費者に支えられていることか。こんな消費者と向き合っていたら、生産者だって「よし、がんばるぞ」という気になる。直売所とは本来、そういうところなのである。

二つの事例に触れたあと、染谷氏は書いている。

「お客さんが直売所のことを考え、気がついた点を伝えてくれる。問題を注意をしてくれることは、かしわでへの期待の証しであり、大きな財産だと感じています。」

直売所に農の未来を見る

（『技術と普及』二〇一一年二月号
「食と農のつれづれ草7」全国農業改良普及支援協会）

ホラでなかった一兆円

今から一〇年前に「農産物直売活動は平成二〇（二〇〇八）年に一兆円産業になる」と言ったら、あなたは信じただろうか。村おこしのコンサルタントとして知られる田中満氏が当時の著書でそう予測したところ、さすがに周囲から「田中のホラ話」と笑われたらしい。私は田中氏を以前から知っていて、ホラを吹く人ではないと信じていたが、それでも「一兆円」はなかなか想像しにくかった。

しかし、田中氏が昨年書いた『農産物直売所が農業・農村を救う』（創森社刊）によると、この予測はほぼ当たったという。詳しくは同書を読んでいただきたいが、少なくとも常設直売所で七〇〇〇億円前後、スーパーなどの店内に売り場を設けるインショップなどで三〇〇〇億円前後に到達した、と田中氏は推定している。

一兆円と言われてもぴんとこないが、参考までに農水省の青果物卸売市場調査結果を見ると、全国の主要卸売市場における一九九〇年の卸売金額合計は野菜二兆九九八億円、果実一兆五六二億円だった。この調査には一部の卸売市場が含まれていないし、直売所の方は一兆円といっても青果物だけでなく畜産物や花、農産加工品、店によっては水産物も扱うほか、レストランや加工施設を設けているところもあるから、もちろん単純に比較することはできない。とはいえ、直売所が食品流通の世界で堂々たる勢力になっていることは十分に実感できる。

二〇〇〇年代に入ったころ、農協の相次ぐ参入で直売所が大規模化する一方、経営が行き詰まるところが出てきたりして、そろそろ淘汰の時代かと言われたこともある。けれども昨年行われた世界農林業センサスの結果では、産地直売所の数は一万六八二九と五年前に比べて二四%も増えた。卸売市場がおしなべて不振を嘆き、青果物の取扱高をみても〇六年度までの一〇年間に数量で一九%、金額では二二%それぞれ減った（農林水産省「卸売市場の将来方向に関する研究会報告」二〇一〇年）のと対照的である。

直売所はさらに進化する

私が直売所を取材した最初は一九九三年、愛知県一宮町（現在は豊川市）の「ひまわり農協グリーンセンター一宮」だった。農協婦人部が八六年に開いた「百円無人市」から発展したこの直売所で、ひとりの部員から聞いた言葉が忘れられない。

「直売所に出すようになって、初めて農協に自分の口座を開きました。」

かつて農家の嫁は自分名義の口座すら持てなかった。直売所のおかげで、女性たちは自分の名前を付けて農産物を売ることができるようになり、販売代金受け入れのために農協口座を開いた。男たちの陰で、芝居でいえば黒子だった女性たちが、直売所では立て役者になれた。収入があるから家庭でも社会でも地位が向上し、発言力も増す。やや大げさに言えば、直売所は農村での女性解放の跳躍台となったのである。

直売所は埋もれていた力を引き出す場だと思う。トラクターに乗るのが少し不安になった高齢者たちも、手作業中心の多品目少量生産ならウデを振るえる。直売所では「あのおばあちゃんの漬けものは絶品」などと、口コミで固定客がつく。

人だけではない。農協に出すには数がそろわないとか、規格が合わない半端なもの、忘れられていた伝統野菜や山菜も、直売所ではちゃんと評価される。大量生産・大量流通では「戦力外」扱いだった人やモノが、直売所ではしばしばエースになる。

直売所はさらに進化を続ける。田中氏は「直売所は平成一〇年頃を境に、その経営方針や出荷する農家の考え方が、大きく変わった」と書いている。変化の内容をひと口に言えば「どちらかというと農協に出荷できない規格外品などの二級品を安く売る店」から、農家が「一級農産物を売ろうという意識」になったことだという。かねがね「直売所は安売り店であってはならない」と主張してきた私としても、この変化は大歓迎である。

六次産業化の「先導役」

民主党が政権政策マニフェストに掲げて以来、農林水産業の「六次産業化」が叫ばれている。昨年一二月にはそれを支援するための法律まで公布された。それはそれで結構だから否定するつもりはさらさらないが、法律があろうとなかろうと、気の利いた直売所は早くから今で言う六次産業化の「先導役」（田中氏の言葉）を果たしてきたと思う。

私自身の乏しい見聞でも、古いところでは群馬県の沢田農協（現在はＪＡあがつま沢田支店）の例がある。地域の野菜を保存料なしの漬けものに加工して評判を取り、直売所の人気商品に仕立て上げた。

一次産業から二次・三次産業へと手を広げてきたわけである。

私が九七年から四年半ほど暮らした愛媛県では、内子町の道の駅にある「内子フレッシュパークからり」が直売所のモデルであり、全国から見学者が絶えなかった。そのころ既に直売所のほか地産地消型のレストランやパン工房、食肉加工施設があった。いま改めてホームページを開いて見ると、うどん店やハンバーガーショップまでできている。

各地の直売所を取材していちばん驚いたのは愛知県の「JAあぐりたうん・げんきの郷」だった。見学した読者も少なくないはずだから思い出していただきたい。二〇〇一年のオープン時から「農と食のテーマパーク」と称していただけあって、ファーマーズマーケット「はなまる市」を中心に総菜やパン、アイスクリームを製造する加工施設、レストラン、園芸売場、さらに研修施設や温泉までそろっている。

ここで強調したいのは、今度の本で田中氏も書いているように「六次産業化は農林水産業の従事者主導で行わなければ、農林漁家にとって意味がない」ということである。六次産業化の主役はあくまで一次産業でなくてはならない。どこかから気のいい企業が来て六次産業化をやってくれるわけではないという、当たり前のことを肝に銘じておきたい。

農産物直売所が売るもの

（『技術と普及』二〇一一年三月号「食と農のつれづれ草8」全国農業改良普及支援協会）

人気の店で「事件」が

前回に続いて農産物直売所のことを書く。実はあの原稿を書く前に、もう一度見ておきたい直売所があった。開業からわずか数年で全国的に名を知られるようになったその店のエピソードを、何か一つ加えたかった。ところが、原稿の構想が固まり、明日はぜひ訪ねようと決めた日に、新聞で「事件」発生を知った。その店で販売したシュンギクから基準値を超える残留農薬が検出され、食品衛生法・農薬取締法違反として回収命令が出た、というのである。こんな時にノコノコ出かけたら店としては迷惑もいいところ。訪問はあきらめざるを得なかった。

残留が最初に見つかったのは保健所による検査だが、その後すぐ直売所が自主的に地元産シュンギク全部の検査をしたところ、さらに二検体で基準値オーバーが見つかった。他の作物に使った農薬が残っていたタンクやホースをシュンギクにも使ったか、隣の畑に撒いた農薬が飛散してシュンギクにかかったものらしい。健康に影響する量では全くなかったが、店は直ちに営業を自粛、安全確認ができるまでの全面休業に踏み切った。

師走の中旬に入ったところだった。年の瀬のかき入れ時に店を開けられない辛さは想像に余りある。

貯蔵のきく米などはまだしも、この時期に合わせて軟弱野菜やイチゴを育ててきた農家たちは、真っ青になったに違いない。

間が悪いことに、休業初日は売り出しのイベントを催す日に当たっていた。もちろんイベントも中止。休業を知らせる「お詫び」を急いでホームページに掲載したものの、不特定多数の客に洩れなく知らせる方法はない。何しろ九時の開店時間には、お目当ての品を求めて行列ができるほどの人気店である。年間五〇万人以上、一日平均一七〇〇人から一八〇〇人の客が、この店での買い物を楽しみにしている。休業初日から役員、従業員が総出で、事情を知らずにやって来た客たちに頭を下げ続けた。

リスク・ゼロはない

今どき、昔みたいに農薬をじゃんじゃんかけて「害虫も病気も残らずやっつけた」と満足する農家などいるはずはない。そんなことをしても農薬代がかさむだけである。だいいち、直売所に出す商品には生産者の名前が表示されているから、天に向かってツバを吐く危険を冒すことになる。

とは言え、人間は神ではないから、リスクがゼロというわけにはいかない。「バレなければ」という不心得者は論外だが、うっかりミスということがある。「まあこれぐらいは」という気のゆるみだって、時にないとは言えない。いや、完全な有機農業をしていても、周りから農薬が飛んでくる可能性はある。原因がどうであれ、残留が明らかになれば違反は違反。言い訳は通じない。

農薬残留とは少し違うが、口蹄疫にしろ鳥インフルエンザにしろ、個々の農家に罪があるわけではない。しかし、いったん発生すれば殺処分となる。殺処分——何とも冷たい言葉だが、まん延防止にはそれが避けられない。

つまるところ、リスクはゼロにならないことを承知したうえで、しかし限りなくゼロに近づけるよう、みんなが努力する。それを徹底する以外に道はないのである。

出荷者が多ければ多いほどリスクも大きくなる。この直売所の出荷者は毎年増えて約二五〇人になった。ほかの直売所では出荷者の数を制限している例もあるが、ここでは誰もが歓迎される。

この直売所は地元の農家グループが自ら出資して作った店である。立ち上げの時に掲げた最大の目的は、輸入農産物の洪水に負けず、一〇年、二〇年たっても地域の農業が元気であるように、ということだった。だからこの店では、需要の多いバナナといえども輸入品は置かないし、地域農業の将来を考えたら出荷者はひとりでも多い方がいい、と考える。そんな高い理念を掲げた店にも、試練はようしゃなく襲った。

モノと一緒に「心」を

ゼロ・リスクがあり得ないとすれば、万が一の「その時」を前提として備えるほかない。迅速に、消費者、生産者とも納得する対応ができるかどうかである。その点でこの直売所は立派だった。いろいろ言いたいことはあるのだろうが、弁解は一切なし。遅滞なく休業を決断し、安全確認がすんで再開できる日を待った。

一二日たってようやく再開に漕ぎ着けた朝、店へ行ってみた。消費者たちがあの店を見捨てるはずはない、と思いながらも、実際にこの目で確かめるまでは……。

店は相変わらずの繁盛ぶりだった。聞けば休業以前と同じか、ちょっと少ない程度の客数らしい。休業したことへの苦情も一部はあるが、励ましの言葉をかけてくれる消費者がはるかに多いという。休業中の売上はフイになったが、この悪夢を機に出荷者全員が責任感を強めれば、禍を福に転じることができるに違いない。

何ごともなかったように品物を選ぶ客たちを見ながら、直売所は単にモノを売るだけの場ではないことを改めて痛感した。では何を売るのか。

直売所の特徴としてよく言われるのは「新鮮、安全、安価」である。直売所では朝どりが普通になっているから、「新鮮」はまず文句なし。「安全」、これは直売所の専売特許ではない。あらゆる農産物に求められる基本的条件である。「安価」については、私が安売り反対であることを前回述べたが、直売所では農協→卸売市場→小売店というルートに比べ流通経費が少ない分、安くても出荷者は引き合うことになる。ことさらに「安価」をうたわなくても、直売所は生産者、消費者双方にとって利益がある仕組みなのである。

それら全てをひっくるめて、「安心」を売るのが直売所ではないか、と私は思う。生産者が消費者と向き合い、言葉を交わしながら安心を売る。それを私は「心の産直」と呼んでいる。

5

技術・経営

元気印農業のための五カ条

（『日本経済新聞』一九八九年二月一二日「中外時評」）

「農業は元気印でやろう」などと言ったら、今どき悪いじょうだんをと、農業関係者にしかられるだろうか。しかし全国を歩いてみると、元気印の塊みたいな農業者が結構いることも事実なのだ。そこで以下、農業を元気印にするための五カ条を。

①「厳しい」をやめよう

近ごろ農業関係の集まりは、たいてい「農業をめぐる環境は厳しい」という挨拶から始まる。そうには違いないが、「厳しい」と言って事態が変わるわけではあるまい。はたから見ると、「厳しい」という言葉に酔っているフシもなくはない。

今日限り、農業関係者の辞書から「厳しい」をなくしてはどうだろう。本当にお先真っ暗、手の施しようがないと信じるなら、きずの浅いうちに店じまいする方が賢明だ。使わなくなった農地はぜひ、やる気のある仲間に貸してやってほしい。

山梨県は山ばかりで、農業にはいたって条件が悪い。しかし、Uさんはその山を利用して「標高差農業」を編み出した。標高の低いところから高いところまで各地に農地を借り、気候のずれを生かして順繰りに野菜づくりをする。悪条件を逆手に取った農業だ。いま農業者に求められるのは、逆境を逆境と思わないずぶとさではないか。

②「育成」なんか御免

農業基本法が犯した最大の間違いは、自立経営を「育成」しようとしたことだったかもしれない。大事に「育成」するとなると、どうしても温室に入れ、たっぷり水をやり、となる。

本気で中核たらんとする農家は、決して「育成」してもらおうなどと思っていない。そもそも「育成」してもらおうと考えるモヤシ農家など、「育成」に値するはずがないのである。

農政の役割は、やる気があり、能力もある人が、腕をふるえる環境を作ることにある。例えば農地の貸し借りがしやすいように法律や制度を改めるとか、大規模耕作に適するように農地の基盤整備をすることだ。

③もっと個性を

一村一品運動のモデルとされる大分県大山町は、町民の飯米以外はコメを作らないことに決めた。コメが作れるところであえて作らないのは稀有（けう）の例だ。三〇年も前に始めたウメ、クリ植えよう運動がコメに頼らない多様な農業を生み、脱稲作を可能にした。

農産物も農業者も、個性を求められる時代だ。消費者の好みが多様化しているのだから、供給する側も多様化しなくてはいけない。

同じ野菜でも、泥付きでなくては新鮮な気がしないという消費者もいるし、忙しくて包丁を持つ時間もないと刻み野菜を買う消費者もいる。どちらに対応するかで、農業も変わる。

④自分のソロバンを持つ

食管制度の残したマイナス面の一つは、販売の苦労を知らない農業者を大量生産したことだ。コメは農協へ持って行けば、後は何もしなくても決まった値段で政府へ売ってくれ、代金は間違いなく農協の口座に振り込まれる。販売を忘れるのも当然だ。

先のUさんは「経営は販売である」と言っている。他の産業なら当たり前のことが農業だと新鮮に響くのはなぜだろうか。誤解を恐れずに言えば、農業者にとってソロバン高いことは美徳である。

⑤若い力に任せて

若手の農業者五五〇人で構成している福島県農業青年会議所が最近、「農業青年がめざす二一世紀農業の未来像」というビジョンをまとめた。専門家が見れば難点もあろうが、自分たちの力で書きあげたところがいい。若い農業者はそれだけの力を備えている。

どこへ行っても、後継ぎが少ないという嘆きが聞かれる。しかし、数が多ければいいというものでもなかろう。少数精鋭の農業好きが、自らの選択で農業に就く時代なのだ。日本の農業に欠けていたのは、自分の意思で農業を選んだという誇りではなかったか。

そういう若者であれば、集落に後継者が自分一人しかいなくても寂しがりはしない。ちょっと車で走れば、いつだって仲間のところへ行ける。中古のパソコンでも買えば、パソコン通信で日本中と会話が楽しめる。

親たちは後継ぎ不足、ヨメ不足を嘆く前に、若者が活気づくことを考えるべきだ。手始めに、農協の役員をどんどん若手に開放する、というのはどうか。

組み替えトマトの野外試験

（『日本経済新聞』一九九一年二月一一日「春秋」）

ギリシャ神話の英雄アキレスにも一つだけ泣きどころがあった。どの生物も弱点を抱えている。トマトでいえば大敵はモザイク病で、これにやられると育ちが悪くなる。それなら、ほかの生物からモザイク病に強い遺伝子を借用してはどうか。農水省農業環境技術研究所で、そのような〝改造〟をしたトマトの野外栽培試験が始まった。

普通のトマトの遺伝子に、モザイク病の原因になるウイルスの遺伝子の一部を組み込んで抵抗性を強めた。遺伝子組み替えという技術である。遺伝子組み替え植物の野外試験は日本では初めてだ。こうして病気や害虫に強い作物ができれば農薬の使用を減らせる。収穫量が飛躍的に増えたり、干ばつでも平気な作物が生まれるかもしれない。農業の夢が現実になる。

農業だけではない。遺伝子組み替えはバイオテクノロジー（生命工学）の本命と言われ、世界中の有力企業が研究に力を入れている。海外では五年ほど前から野外試験が始まり、これまでに十数カ国で実績がある。米国では早くも植物バイオ企業が、完熟後に収穫しても長いこといたまない組み替えトマトの生産開始を認めるよう、政府に審査を請求している。

半面、自然界にないものを作るのだから、何が飛び出すか分からないという不安は残る。生命の根源にかかわる遺伝子を、人間の都合だけで安易に取り扱うべきではないし、生態系に悪影響を与えてもいけない。どんどん野外試験を進めよという意見がある一方で、疑問や批判も出ている。着実に、しかし慎重に、そして何よりも、情報を国民にきちんと伝えることだ。

（『みどり』四五号、一九九一年六月、三菱化成）

農業に吹く新しい風

国産食品にこだわる消費者も多い

千葉県の白子町で、農協青年部が町長に対し、今後は「厳しい」とか「大変」とかいう言葉を使わないでほしい、と要請したそうだ。このことをある新聞で読んで、私は「してやったり」という気分になった。

というのも、私自身、かねがね農業関係者に同様なことを呼び掛けてきたからだ。

三年ほど前、私は新聞のコラムに「元気印農業のための五カ条」なる駄文を書いた。実はその第一条が「『厳しい』をやめよう」だった。手前みそで恐縮だが、一部を引用してみる。

「近ごろ農業関係の集まりは、たいてい『農業をめぐる環境は厳しい』という挨拶から始まる。そうには違いないが、『厳しい』と言って事態が変わるわけではあるまい。はたから見ると、『厳しい』という言葉に酔っているフシもなくはない。

今日限り、農業関係者の辞書から『厳しい』をなくしてはどうだろう。本当にお先真っ暗、手の施しようがないと信じるなら、きずの浅いうちに店じまいする方が賢明だ。使わなくなった農地はぜひ、やる気のある仲間に貸してやってほしい。（以下略）」

失礼ながら、役所や農業団体の指導的な立場にある方々の中には、身に覚えのある人も少なくないはずだ（さすがに最近は「厳しい」もややマンネリ化したせいか、一時より減ってきたような気もするが）。

「厳しい」の後には、たいてい「後継者がいない」「ヨメさんが来ない」と、ないないづくしのボヤキが続く。当たり前である。

仮にあなたが企業の経営者だと考えていただきたい。これから従業員を採用しようという時に、経営者が「我が社を取り巻く環境は厳しくて、お先真っ暗です」と言ったら、学生はその会社に就職するだろうか。農業者の会合で「農業は厳しい」と言う指導者たちは、それと同じことをしているのである。「厳しい」「もうからない」と口走りながら、若者に向かっては「農業を継げ」と言う。これでは、倒産しそうな会社に「就職しろ」と勧めるようなものだ。なんとも人をバカにした話だが、ご本人たちはそれに気付かないから始末が悪い。白子町の農協青年部はこうした無責任さに抵抗したのだろう。

農家子弟の新規学卒就農者が二〇〇〇人を切ったらしい。「らしい」というのは、一九八九年春卒業の二一〇〇人以降、なぜか農水省が調査の方法を変え、いまだに数字を発表していないからだが、もしも農業がお先真っ暗なら、ほとんどの若者が農業から逃げ出したことを、花火でも上げて祝福しなくてはなるまい。もっとも、脱出に成功したからといって、サラリーマン社会にも「過労死」などという現象があるから安心はできないが。

それはさておき、日本の農業は本当にお先真っ暗で、何の楽しみもなく、逃げ出すしかない職業なのだろうか。

そうではあるまい。

外野席に居る私にも、最低限こういうことは言えると思う。人間は何かを食べないことには生きていけないし、どんなに輸入が自由化されても国産品にこだわる消費者はいっぱいいる（現に私などもその一人である）。日本に農業がなくなってまず困るのは消費者なのだから、消費者を敵に回さない限り農業は捨てたものでもないのではないか――。

そんな理屈より何より、農村を歩いていると、びっくりするほど生きのいい農業者によく出会う。私なんか、それが楽しみで農業記者を続けているようなものだ。

無理をして拡大しない「面白く楽しい農業」

山形県天童市のMさんは一九七七年から、二人の友人と農事組合法人を作って稲作の受託をしている。九一年の実績は自作三・五ヘクタール、経営受託一・九ヘクタール、耕起・しろかき一〇・五ヘクタール、育苗六〇〇〇箱、田植え八ヘクタール、収穫一一ヘクタール、乾燥・調製四一〇〇俵など。三人で割れば決して大規模というほどではない。その気になれば増やせるが、肉体的に無理してまで拡大するつもりはないという。「面白く楽しい農業」をモットーにしているからだ。

Mさんは水田のほかにフランス料理のレストランも経営している。自分の作った米や野菜をその店で客に出す。店には地元の人が出入りするだけでなく、全国に二二〇〇人いるという友人たちもやってくる。友人は農業者ばかりではない。誰とでもすぐ友だちになれるのがMさんの特技の一つだ。レストランはMさんにとって異業種交流の場であり、居ながらにして日本中の情報が集まる拠点でもある。Mさんについてのエピソードは、ちょっとオーバーに言えば掃いて捨てるほどある。その中でも最高の傑作を紹介しよう。

作業受託を始めて間もないころ、田植えの手伝いに女性のパートタイマーを雇った。作業の流れを観察していると、田植え機に乗っている男性より女性の手作業の方がきつそうだ。それならと、若い女性たちに田植え機の運転を教えた。

いざ田植え機に乗ったのを見ると、女性なのにどうも服装が野暮ったくて、見栄えがしない。思い切って、タンクトップとハイヒール、ひたいにはサングラス、指にマニキュアという姿で華々しく運転させた。たまたま水田が国道のわきにあったから、車が次々に止まって田植え見物。交通渋滞を引き起こすほどの騒ぎになった。

田植え機を運転するのにハイヒールが最適かどうかは多少疑問がある。けれども、ここまで遊び心を徹底し、楽しい農業を追求できる農業者はそういないのではないか。彼女たちも大喜び。それ以来、Mさんは女性パートの雇用に苦労したことがないという。

Mさんの別の一面もぜひ付け加えておきたい。

生家は零細農家だった。Mさんは子供のころから米づくりにあこがれたが、生家には水田がほとんどない。やむをえず建設会社で働いたり、自分で会社を経営したりして時機を狙った。

山形県で果樹の栽培が盛んになる一方、水田の転作面積が年々増え、みんなが稲作の将来に疑問を持ち出した時を見計らって稲作の受託を開始した。それが七七年である。「果樹に精を出せば水田は手抜きしたくなるはず」と読んでのことだった。「農業は知恵比べだ」と言うMさんの、鋭い経営感覚を示している。

新規参入一一年目で一四億円の売り上げ

さてもう一人。Uさんは一一年前、山梨県大泉村でゼロから農業を始めた。つまり新規参入者である。甲府市出身のUさんはいったん県外で就職したが、農業やりたさに故郷へ帰ってきた。とはいえ農地を買う金はない。さんざん苦労して、八ヶ岳山ろくのあちこちに少しずつ畑を借りることができた。

散在している畑はそれぞれ標高が違う。ところがUさんは標高差を逆に生かした。標高が違えば気温も違う。この違いを利用して順繰りに種子を播けば、同じ野菜をリレー式に長期間作ることができるかも知れない。こういうアイデアから生まれたのが「標高差農業」だった。

この方式で栽培したレタスなどの野菜を、Uさんは大手のレストランチェーンへ売り込んだ。個人経営から農事組合法人（九人で構成）に組織替えした今、約三〇カ所に合計一四ヘクタールの畑を借り、年間七〇〇〇万～八〇〇〇万円を販売している。

それればかりではない。日本有数のレストランチェーンが相手だから、九人ががんばっても需要に応じきれない。そこで、南は沖縄から北は北海道までの農家（中には農協もある）と契約し、二〇人のパートタイマーを雇用して集荷業務も手がけるようになった。それを合わせると売り上げは一四億円にもなる。新規参入から一一年でこれだけの実績をあげているのである。

契約農家がいいかげんな品物を出荷したらUさんの信用に傷がつく。だからUさんは年中、全国を飛び回って栽培指導に当たっている。ずぶの素人だったUさんが、今では本来の農家を指導する。さすがに勉強ぶりは大変なもので、最先端の情報を次々に吸収するどん欲さには頭が下がる。

それにしても、なぜこれほどの急展開ができたのか。もちろんUさんの経営手腕が確かだったからだが、Uさん自身は「土地に投資しなかったからだ」と言う。土地を所有しなくても農業はできる。古いタイプの農業者にはない発想だと思う。

日本の農業はこれまで、「食の外部化」への対応が遅れていた。新鮮な農産物を消費者に届けることに懸命で、食品工業、外食、いわゆる中食（持ち帰り弁当など）といった分野の企業を相手にするのは得意でなかった。だからこれらの企業では輸入農産物が幅をきかせている。

輸入農産物が安いこともあるが、それだけが原因ではない。企業相手の商売では。安定供給できるかどうかが有力な決め手となる。農業経験の少ないUさんが「標高差農業」でこの壁を乗り越え、大手レストランへの直販を実現した。それは、遅れ馳せながら農業にもマーケティングの時代がきたことを意味している。

独特のブランド「活け造り米」

食管制度の下にある米も例外ではない。昨年、自主流通米の価格を入札で決める「取引場」が東京と大阪に開設され、米価が変動するようになった。結果は新聞に報道されているから多くを述べる必要はあるまい。北海道の米が予想以上に上がり、対照的にササニシキが全く不振、コシヒカリも新潟県産以外は値下がり、というのが大まかな結果である。この状況をまのあたりにして、産地は潜在的生産過剰（過剰を防ぐために八三万ヘクタールの転作をしている）の中で販売する苦労をいやというほど味わっている。

自主流通米取引場ではササニシキは各県産とも完敗だったが、宮城県南郷町のTさんはそのササニシキを一〇キロ七五〇〇円で売り切った。彼は自分の米を「特別栽培米」として消費者に直接届けており、買い手は米代のほかに七〇〇～八〇〇円の宅配便代を負担する。実質価格は八〇〇〇円を軽く超えるわけだ。

自主流通米の小売価格は通常、高いものでも一〇キロ五五〇〇円ぐらいである。南郷町がササニシキの本場であることを考慮しても、七五〇〇円は高い。それでも完売するのは、いい米のためならそれくらい払っても惜しくない人が結構いる、ということだ。

Tさんのササニシキは確かにうまい。コシヒカリに押されて少々落ち目のササニシキだが、適地で栽培されたものはやっぱり上々の味がする。彼は本場であることに甘えず、栽培技術の研究にも人一倍熱心だが、それだけでなく、自分の米を実に大事に扱う。

どんなにうまい米も、収穫後の取り扱い次第では品質が落ちるものだ。Tさんの乾燥機は熱を加えない特殊なもので、乾燥後は自分で作った木製のタンクに貯蔵する。普通は玄米にして貯蔵するが、Tさんはモミのままタンクに入れておき、出荷直前にモミすりをする。いわゆる今ずり米である。だから「米が活きている」というのがTさんの誇りなのだ。

Tさんはこの米に独自のブランドを付けた。「活け造り米」という。魚の活け造りはどこにもあるが、米を「活け造り」と呼んだのはおそらくTさんが初めてだろう。味がいい上にネーミングが秀逸だから、よけい消費者に受ける。

先日、Tさんから一〇種類ほどの野菜を詰め合わせにした箱が送られてきた。ふたを開けるとチラシが入っていて、「大地の詩」とある。お礼の電話をして話を聞くと、米を買ってくれた消費者から「野菜もぜひ」と要望があるのだという。

Tさんは野菜が本業ではないから、友人たちにも声を掛けて詰め合わせを作る。米に始まった消費者との交流は、地域の仲間を巻き込んでさらに広がろうとしている。

Uさんが外食企業を相手にしているのに対し、Tさんは消費者とじかに結ぶ道を選んだ。扱い量ではUさんが圧倒的だが、販売単価ではTさんが勝る。むろん両者の優劣を比較することは意味がない。農業にはいろいろな行き方（生き方と言ってもよい）がある、ということだ。

サラリーマン夫人のパワーを農作業に活用

最後にもう一人、女性との付き合い方がうまい人のことを書いておきたい。付き合うといっても不倫ではない。ウーマンパワーを農業に生かすということだ。

大分市のEさんは三棟の大型ハウスでオオバ（青ジソ）を栽培している。オオバで厄介なのは収穫した葉の包装である。なにしろ枚数が多い。毎日、摘んだオオバを一〇枚ずつ輪ゴムで束ね、それをさらに数束ずつプラスチックのパックに詰める。

Eさんは収穫・包装作業だけで延べ九〇人の女性パートタイマーを雇用している。力のいる作業ではないから、女性にはうってつけと言える。女性たちの多くは大分市に工場を持つ新日本製鉄などの従業員夫人だ。サラリーマンの奥さんたちを農業者が雇う。時代はそこまで来ているのである。

Eさんは彼女たちを雇う際、見苦しい格好で働きに来ないでほしいと頼む。ハウスは女性の職場なのだから、それらしくありたい。３Ｋ（きつい、きたない、危険）などとは無縁でなくてはいけない。Eさんのモットーは「夢のある農業」だ。

そのEさんはいま、チェーン方式でオオバのハウスを増やすことを計画している。スーパーや外食のチェーンと同じように、方々に農地を借りてハウスを建てる。それも農村地帯ではなく、住宅地に近いところを選ぶのがコツだという。

不思議でも何でもない。住宅地があれば主婦も多い。つまりパートタイマーを雇うのに好都合というわけだ。過疎の農村では困るのである。

日本の農業就業人口の六割は女性が占めている。もはや女性なしでは農業は成り立たない。ウーマンパワーを生かせるかどうかが、農業を左右する。その一角にサラリーマン夫人たちも組み込まれていることを、Eさんのハウスは示している。

そう言えば、先に登場してもらった天童市のMさんも「家族や農家の女性は雇わない」と語っていた。企業で働いている女性の方がいいという。「そういう女性はきちんと時間を守って働き、休む時には休む。結果として仕事がはかどる」。農家の女性には（男性にも？）少し耳が痛い言葉だ。

（『自治実務セミナー』一九九二年一二月号「随想」良書普及会）

社長と専務

農林水産省が今年六月に決めた「新しい食料・農業・農村政策の方向」の中に、農業経営の法人化を進めることがうたわれている。農家に「社長を名乗ろう」と呼び掛けている私としては、わが意を得たりという思いである。

最近ちょっとした農家は名刺を持っている。そこで、せっかく名刺を作るなら右肩に「社長」と印刷してはどうか、というのが私の提案である。「社長」が照れくさければ「代表」などもしゃれている。農家は小なりとはいえ一国一城の主なのだから、中小企業の経営者と同じように社長を名乗って少しもおかしくない。大事なのは自分の顔を持つことだと思う。

社長という顔を持てば自ずと誇りが生まれるだろう。私はかねがね「農業関係者の辞書から『厳しい』という言葉を追放しよう」という提案もしているのだが、社長となれば簡単に泣き言は言えなくなる。

農業はいま、一人でも多くの後継者がほしい。それなのに、農業・農村の指導的立場にある人たちの多くが、実にしばしば「農業をめぐる環境は厳しい」といった言葉を口にする。

これが企業の社長だったらどうだろう。今年は多くの企業にとって「環境は厳しい」はずだが、では社長たちは社員募集に当たって「わが社の環境は厳しい。明日にも倒産しそうだ」などと口走るだろうか。「厳しい」を乱発する人たちは、その決まり文句が農村の若者の耳にどう響いているかに気付かないのである。

さて農家の主人が社長だとすれば、主婦はさしずめ専務ということになる。農家では専務の役割がとりわけ大きいことは言うまでもない。うれしいことに最近、キラキラ輝いている専務に会うことが多くなった。その一人、静岡県豊岡村のＦさんを紹介したい。

Ｆさんの家は柿とお茶を栽培している。Ｆさん夫婦に驚かされたのは、二人が仕事をみごとに分担していることだった。

ご主人はもっぱら生産を担当し、果実店への売り込みなど外回りの仕事は全て彼女が引き受ける。そればかりか、技術の研究会などに出席するのも彼女の方である。その代わり、ご主人は事前に「これとこれとを聞いてきて」と彼女に細かく指示する。研究会の翌日は半日ぐらいかけて、彼女がご主人に詳細に報告するのだという。「この方が結果がいい」というのだから、ご主人の指示の仕方もうまいのだろう。

両親が生き生きしているせいか、F家の子供たちはこのごろ、「農業をやりたい」とか「農村はいい」とか言うようになった。すると彼女はこんなふうに答える――「あなたみたいな泣き虫には農業はできないわよ」、「さあ、宿題を忘れるような子に農業は無理じゃないかな」。つまり、農業は優れた人間がやる仕事だと彼女は言い続けているのである。なんとすばらしい農業教育だろうか。

（『日本経済新聞』一九九六年九月二三日「春秋」）

コシヒカリ生みの親

大相撲秋場所は貴乃花が一五回目の優勝を果たしたが、コメの世界では今年もコシヒカリが完勝した。なんと一八年も連続して、品種別の栽培面積トップの座を守っているのだから驚くほかない。しかも今年はシェアがさらに上昇、三〇・六％という空前の高率になった。

二―五位の品種を見てもう一度びっくり。あきたこまち、ひとめぼれ、ヒノヒカリ、きらら397と、当代の人気品種がいずれもコシヒカリの血を引いている。二子山部屋ならぬコシヒカリ部屋全盛といった趣だ。コシヒカリはそれ自身、味がいいだけでなく、育種のための親としても抜群の能力を備えている。

コシヒカリは第二次大戦中に新潟県で交配され、戦後福井県で育てられた。一番の功労者は、農林省（現・農林水産省）福井農事改良実験所に勤務していた石墨慶一郎氏だ。新潟から届いた無名の種子を石墨氏が栽培してみたら、味は確かに極上だが、茎がひょろ長いため倒れやすく、病気にも弱い。当時の技術では農家が手を焼きそうな稲だった。

つくりやすさという点では失敗作のコシヒカリを、なぜ見捨てないで残したか。「稲穂が文字通りの黄金色で、あまりにも美しかったからだ」と石墨氏は述懐する。優れた技術者のカン、とでも言うほかない。福井県農業試験場長を最後に現役を退いたコシヒカリ育ての親は、七五歳の今も自宅の水田で稲と向き合う日々を送っている。

（『日本経済新聞』一九九六年一一月四日「春秋」）

コシヒカリ育ての親

九月二三日のこの欄で、コメの人気品種コシヒカリを育てた石墨慶一郎氏のことを書いたら、読者からお手紙をいただいた。石墨氏は確かに功労者だが、まだ「越南一七号」と呼ばれていた新品種の品質に着目し、いち早く奨励品種にした新潟県農業試験場長（当時）杉谷文之氏の功績も忘れないでほしい、という趣旨だ。

福井県で石墨氏が育成した「越南一七号」は、一九五三（昭和二八）年から新潟など各県で試験栽培された。元をたどれば戦争中に新潟県で交配されたものだから、新潟県にとっては言わば里帰りだった。倒れやすいという欠点はあったが、杉谷氏は栽培技術で克服できるとみて、五六年から奨励品種に採用し、コシヒカリと名付けた。

五六年といえば、前年は豊作だったものの、まだ飢えの記憶が消えていないころだ。何よりも安定多収が第一とされた時代に、コシヒカリの味を評価した先見の明には敬服するほかない。コシヒカリとは「越の国に光り輝くコメ」という意味だ。杉谷氏の目に狂いはなく、コシヒカリは越の国どころか日本を代表するコメになった。

コシヒカリは交配から命名までに一二年かかった。コメに限らず、一つの新品種が世に出るまでには、たくさんの技術者たちが汗を流している。栄光を勝ち得た品種の陰で、無数の「新品種の卵」が日の目を見ないまま消えていった。そうした努力、明暗の積み重ねの上に、私たちの食の豊かさがある。

（『STAFF newsletter』一九九七年九月号「時評」農林水産先端技術産業振興センター）

せっかちな時代

M紙に「成果ない研究は中止」と大きな見出しの記事が載っていた。工業技術院が研究成果を外部の専門家にチェックしてもらうための「技術評価指針」を作り、九月から実施するのだという。十分な成果が期待できなかったり、時機を逸した研究に無駄な予算を出し続けるのはやめよう、という趣旨らしい。

あとで知ったことだが、農林水産技術会議は工技院よりひと足早く、似たような指針を設けたという。先進国で最悪と言われる日本の財政状態からみて、乏しい予算の無駄遣いは確かに困る。しっかりチェックしてもらわなくては――。納税者の一人としてそう願う一方で、しかし待てよという気持ちもどこかに残る。これはもしかしたら、大蔵省のご機嫌を損ねないため、「いかに効率よく予算を使っているか」をアピールするための戦術ではないのか、と下司な勘ぐりもしてしまった。

今の世の中、万事せっかちになって、白か黒かの答えをすぐに出さないとおさまらない傾向がある。三年先、五年先を夢見て仕事をするよりは、毎日の売り上げが勝負のセールスマン的社会なのである。研究の世界ではまさかそんなことはないだろうが、それにしても、「無駄の効用」などということが通用しにくくなっている点はどこも同じではなかろうか。

そんなことを考えてしまうのも、農政にはかつて麦、大豆、ナタネなどの研究をほとんど放棄した苦い経験があるからだ。その当時としては、これらの畑作物の研究は成果が期待できず、時機を逸したものと見えたに違いないが、今となって悔やんでも手遅れに近い。

効率は大切だが、効率がすべてではない。怠け者の研究者はご免だが、成果を急ぐあまり近視眼的になってはなおまずい。自然を相手に生命あるものを生産する農業は、工業のように設計通りにはことが運びにくい。それだけに、成果もよほど長いモノサシで計る必要がある。

「風のがっこう」を訪ねる

（『農業構造改善』二〇〇七年七月号
「食と農の歳時記16」日本アグリビジネスセンター）

同じ夕陽を見ても

この春、熊本県のNPOが主催した就農講座で講演をする機会があった。主な参加者は団塊の世代ということだったが、主催者が期待した以上の反響があり、用意した椅子が足りなくなるほどの盛況だった。

話し終わってから、何人かの参加者と質疑を交わした。予想していたことではあったが、この人たちの大部分が求めているのは「農業」ではなく、「農」あるいは「農のある暮らし」であることがよく分かった。

そう感じたものの、では「農業」と「農」とは具体的にどう違うのか。私自身、一九九六年に『食と農の戦後史』（日本経済新聞社刊）という本を書きながら、さて「食事」や「食生活」と「食」、「農業」と「農」の違いを明確に意識していたかと言えば、はなはだ怪しいと今にして思い当たる。一〇年以上もたってから自分のいい加減さを悟るなんて、我ながら情けない。

やれやれ、こんなふうに落ち込んだ時、元気を取り戻すには、農民作家・山下惣一さんの金言を読むに限る。たまたま手元にあった近刊『農業に勝ち負けはいらない！』（家の光協会刊）のページを繰ってみると、やっぱり見つかった。山下さんは「農」と「業」とをしっかり区別しているのだった。「山の端に真っ赤な夕陽が沈む。『ああ、きれいだなぁ』と感動して眺めるのが『農』。『ああもう日が暮れる。えらいこっちゃ、あと一反歩田んぼ起こさにゃならん』と焦るのが『業』である。」

言われてみれば、私の本の場合、山下さんの「農」と「業」の両方を含めて「農」としたように思えるが、それはともかく、家庭菜園歴三〇年のキャリアを誇る（！）私には、この言葉の、とりわけ前半は文句なしにうなずける。うっとりと夕焼けを眺めたり、そよ風の心地よさに身をゆだねるために、細々ながら菜園を続けてきたようなものであり、野菜の収穫はいわばおまけにすぎない。「業」ではない「農」のありがたさである。

農のカルチャースクール

六月の初め、「大泉 風のがっこう」を訪ねた。東京・練馬区で白石好孝・俊子夫妻が運営している体験農園である。白石さんは野菜づくりに必要な資材、道具を用意し、利用者は三〇平方メートル区画の畑で年間二〇種類以上の野菜を栽培する。作付け計画も白石さんが作り、間違いなく収穫できるように「野菜づくり講座」をたびたび開く。

「風のがっこう」のことは、白石さんの著書『都会の百姓です。よろしく』（コモンズ刊）で読み、だいたい知っているつもりだった。しかし、やはり百聞は一見にしかず。好きなものを好きなやり方で作る一般の市民農園とは異なり、ここはまさしく「がっこう」だった。

短冊形をした区画は全部で一二五ある。つまり一二五組が利用しているわけで、この日は高齢者から子どもまで約四〇組が白石さんの話に聞き入っていた。白石さんは野菜を生産して市場などへ出荷する代わりに、「農」を体験してもらって授業料を受け取るのである。

農地を貸し借りするだけの農園なら、農家はただの地主になってしまう。そうではなく、「農」の楽しみを満喫したい人々のために、農家が密着型でとことん指導する。これが体験農園である。「野菜をつくって売るよりも、野菜づくりのノウハウを売る農業のほうが、おもしろいんじゃないか」(前掲書)。そう言って仲間の農家が考え出したこの方式を、白石さんは「農業のカルチャースクール」と呼ぶ。山下さん流の区分けによれば、ここで教えるのは「農」であって「業」ではないから、「農のカルチャースクール」ということになろう。いずれにしろ都会ならではの新しい農業経営である。練馬区も補助金を出すなどして協力し、「練馬方式」として知られるようになった。

利用者と共有する感動

一二五組の中には、市民農園の経験が長く、野菜づくりのベテランを自負している人もいる。しかし、二〇種類もの野菜を次々につくろうとすると、自己流ではなかなか追いつかない。面白いことに、一年目よりは二年目、三年目の方が、みんな白石さんの指導をよく受け入れてくれるようになるという。白石さんの説明のうまさもあるが、長年にわたる「業」の経験にはかなわないということだろう。

ただし押しつけはせず、例えば農薬の使い方は教えるが、それを全く使わないか、あるいは減農薬で確実な収量を狙うか、その判断は利用者に任せている。

春の開講以来七回目になるこの日、講座のテキストにはまず「野菜づくりに最も大切な作業は草取りです」とあった。白石さんはその理由を、「せっかく施した肥料を雑草が横取りします」と解説し、「水をやる暇があったら草取り最優先」と呼びかける。確かに、よほどカンカン照りが続いて畑が地割れでもしない限り、農家がジャブジャブ灌水しているのを見たことがない。白石さんの指導はあくまで実践的である。

およそ四〇分の講座が終わってみんなが畑に散った時、脇で聞いていた私も、自己流の三〇年では知り得なかった栽培のコツを二つ三つ学んでいた。

白石さんは「感動の共有」という言葉をよく使う。初めて野菜づくりに挑戦する人たちが、芽生えや実りに感動するのは当然だろうが、そのように感動する人たちを見て、教える農家自身も感動する。指導を続ける中で、白石さんはいつの間にか「生徒を見るような感覚で利用者たちを見ている」(前掲書)自分に気づく。

「カルチャースクール」も「業」であるからには、目に見えない苦労がたくさんあるのだろう。しかし白石さんは言う。「お金をもらったうえに、感謝されて、こんないいことはない」(前掲書)。一九九六年に第一号がオープンした「練馬方式」の体験農園は、今では関西にまで広がっている。

ほどほど農業

（『農業構造改善』二〇〇七年一〇月号
「食と農の歳時記19」日本アグリビジネスセンター）

ゴールはどこに？

七月号で農民作家・山下惣一氏の次の言葉を紹介したことを覚えておられるだろうか。「山の端に真っ赤な夕陽が沈む。『ああ、きれいだなぁ』と感動して眺めるのが『農』。『ああもう日が暮れる。えらいこっちゃ、あと一反歩田んぼ起こさにゃならん』と焦るのが『業』である。」（『農業に勝ち負けはいらない！』家の光協会刊）

「農業」を「農」と「業」に分けて考える。その通りではあるが、ではしっかり「業」に励みながら、しかも夕陽の美しさに見とれるゆとりも持てる農業はないものか。そう思って、三友盛行氏の『マイペース酪農』（農文協刊）を再読した矢先、偶然にも『地上』誌（家の光協会）一〇月号の「それでも強いぞ！小規模農家」という特別企画に、三つの経営事例の一つとして三友牧場も登場しているのを発見した。以下、引用は特に断った場合を除き『マイペース酪農』または『地上』誌による。

正確に言えば、マイペース酪農は「小規模」ではなく「適正規模」である。四〇ヘクタールの草地で搾乳牛四〇頭を飼う。記事によれば北海道の平均規模は六四頭だから、三分の二以下でしかない。しかし、牛のためには最適とされる「草地一ヘクタール当たり成牛一頭」にピッタリである。

今やEU（欧州連合）の水準をしのぐとされる北海道の酪農。それは飽くなき規模拡大努力の成果である。より多く飼い、より多く乳を出させる。そのためには機械・施設への投資を惜しまず、飼料は穀物を多給する。食料・農業・農村基本法の言う「効率的かつ安定的な農業経営」を目指し、拡大路線をひた走る農業のモデルが北海道酪農だと言える。

しかし三友氏は、「その延長線上にゴールはあるのか？」と疑問を投げかけ、「拡大こそが進歩という思い込み」に異議を申し立てる。そう言えば、かつて高度経済成長の時期に「重厚長大」がもてはやされ、「大きいことはいいことだ」と叫ばれたことがあったが、最近は聞いたことがない。

何かが足りない

三友氏の疑問は同時に、「何のために農業をするのか？」という問いかけでもある。昔に比べれば、農家も物質的には確かに豊かになった。しかし、何かが足りないと三友氏は感じる。

「ゆとりが全くないのです。心と身体と時間のゆとりがありません。いつもなにかに追いかけられているようで（中略）、暮らしのための営農が生産のための経営になってしまったのです。」

より良い暮らしという目標を実現するための手段が、いつの間にか目的化してしまった、というのである。

『地上』誌によると、三友牧場は一頭当たりの乳量、脂肪率、無脂固形分のいずれを取っても地域の平均に及ばない。しかし経営内容の良さでは定評がある。所得率が普通は二七％ぐらいのところ、三友牧場では六〇％以上と抜群に高いからである。経営の安定を保証するのは詰まるところ所得率であり、売り上げが多ければいいというものではない。「生産は少なくなるが、トータルとしてよければいいという視点」が大事なのである。

付け加えておけば、全国の放牧酪農を訪ね歩いている野原由香利氏は三友牧場の牛乳を「まるで三歳のころの思い出のように忘れられない」と絶賛している（『草の牛乳』農文協刊）。

一ヘクタール一頭という適正規模で、配合飼料の給与を地域平均の三分の一以下に抑え、春から秋まで六カ月は完全昼夜放牧、冬はほとんど乾草で育てる。コスト低減の基本は草資源のフル活用にある。その結果は、「夏季は朝・夕の搾乳以外、日中は農場を全く留守にしても大丈夫」となる。これなら夕陽を眺める余裕もたっぷりあるに違いない。

東京・浅草生まれの三友氏は、当然ながら酪農経験ゼロから出発した。開拓農家での実習は文字通り「朝は朝星、夜は夜星」だったが、それでも「朝あけ、夕やけの美しさにひかれ」て北海道での酪農生活を選んだという。規模拡大路線でいったん行き詰まった後、適正規模と放牧によるマイペース酪農に転換して若いころの夢が軌道に乗った。

視点を変えれば

「放牧は、より多くの乳生産という願いをかなえるにはムリがあります。しかし、ゆとりある営農と暮らしという視点からみれば、効率のよい生産システムなのです」と三友氏は言う。それは「生産第一から、暮らしを第一に価値観を逆転させること」である。

著書『マイペース酪農』には三友氏の語録がぎっしり詰まっている。「ほどほど」「いい加減」もその例である。

「『もっともっと』はやめて『ほどほど』がよいと思います。『いい加減』は決していい加減でなく『よい加減』で『よいほどあい』なのです。営農も暮らしも、ほどよいぐあいにバランスをとりたいものです。」

「ほどほど」と聞くと、私はいつも坂根修氏を思い出す。三〇歳を過ぎて脱サラ就農し、露地野菜と平飼い養鶏による小規模農業の体験から『都市生活者のための　ほどほどに食っていける百姓入門』（十月社刊）を書いた。一九八五年に出版されたこの本を、私は今でも「帰農のための金言集」と呼びたいくらいである。彼の語録も数々あるが、ここでは一つだけ。

「欲と二人連れで『ほどほど』以上に食おうとすれば、農業のもつ素晴らしさは色あせたものとなってしまう。」

坂根氏の場合、就農の目的は初めから、「ほどほど」に暮らしながら農業の喜びを存分に味わうことにあった。三友氏もまた「人間の五感を駆使する喜びもかみしめてください」と述べている。

もちろん、若いころには大きな気概を持って当たり前だし、むしろそれぐらいの意気込みがほしい。しかし、立ち止まって将来を考える時には、「ゴールなき拡大路線」にはまり込んでいないかどうか、冷静に振り返ることも必要だろう。そんな折にこそ、トータルバランスを重視する「ほどほど農業」の発想が役立つのではないか。

6

資源・環境

風景を造る

（『グリーン・エージ』一九八八年三月号、日本緑化センター）

昨年一一月、英国北アイルランドを取材した帰りに、ロンドンで二泊する機会があった。たまたま週末にかかり、たいした仕事も残っていない。そこで、少し早起きをして、霧のロンドンを歩いてみた。もっとも、今は散歩の楽しみについて書こうというわけではない。ハイドパーク・コーナーからバッキンガム宮殿への並木道を、一面の落ち葉を踏んで歩きながら、ふと香川県高松市のKさんを思い出していたのである。

Kさんは、中堅運輸会社のオーナー経営者である。同時に、文化・芸術にも造詣が深い。四国のあちこちから古い民家を屋島に集め、民家博物館「四国村」をつくったのもこの人である。私が高松支局にいた時、四国村のことを新聞に寄稿してもらったのが縁で、ずいぶん親しくしていただいた。

そのKさんが年に一度、ゆううつになる時期があった。Kさんは支局に立ち寄ると、窓から国道を見やりながら、「どうにかなりませんかねえ」と何度もぼやいたものだ。

支局の前を走る国道にクスノキの並木がある。生い茂った時分には見事だが、毎年、たしか台風シーズンになると、一本残らず丸坊主に切られてしまう。樹型を整えるというような生やさしいものではない。これがKさんには我慢できなかったのである。思いあまって、ある新聞に「街路樹をむやみに切るな」という趣旨の投書をしたこともある。

あまり茂ると交通標識が見にくくなるとか、台風で倒れたりしたら電線に触れて危険だとか言われていた。その通りには違いないが、二〇〜三〇メートルにも伸びるクスノキを植える以上、そんなことは初めから分かっていたはずなのにと、私もKさんに同感だった。

もう八年も前のことだから、高松の並木がその後どう扱われているかは知らない。英国から帰って読んだ新聞に、どこかの市では、予算が足りないので二年まとめてばっさり切るという記事があったから、まだそういう切り方が行われていることは確かだろう。


日本の道路の狭さと関係するのかも知れないが、どうもわれわれには、街路樹ないし並木というものに対する認識が、いまひとつ乏しいのではないか、という気がする。例えば、私の住んでいる住宅地は大手の不動産会社が造成したものだが、メーンストリートの並木ときたら、およそ並木と呼ぶのが恥ずかしい程度のものだ。その昔、街道ごとに見事な松並木を造りあげた日本人は、どこへ行ってしまったのか。

並木は、単に植えてあればいいというものではない。長野県飯田市のリンゴ並木みたいに、市民からも観光客からもこよなく愛されているものもあるにはあるが、どちらかと言えば例外的である。北海道鹿追町の然別（しかりべつ）湖では、周りが原始林に近い森の緑であふれているのに、湖畔の道路に貧弱な並木らしきものが作られているのを見て、何のための並木か、とあきれた経験がある。

かと言って、日本人は緑の環境をつくるのが苦手かといえば、決してそうではない。全国農協中央会の招待で東京の緑を空から視察したことがある。全中のねらいは言うまでもなく、過密都市・東京のあちこちに残っている農地を見せることにあったが、私がいちばん感動したのは明治神宮の森だった。

七二ヘクタールもある神宮の森が人工林であることはよく知られている。明治天皇と昭憲皇太后を祭る明治神宮は一九二〇年に完成したが、元は彦根藩主・井伊家の下屋敷だった。そこに全国から献納された十数万本の木を植えたのが神宮の森である。皇居、神宮外苑とともに東京のオアシスとなったこの森は、新宿の高層ビル街に近いだけにいっそう印象的だった。我々にはこれだけの森を作った実績がある。

あるいはまた、昨年の工場緑化推進大会（日本緑化センター主催）で、島津誠氏が体験発表をした新日本製鉄八幡製鉄所（北九州市八幡区）の例がある。八幡製鉄所の緑化運動は一五年前からのもので、歴史からいえば明治神宮には及びもつかないが、それでも従業員総出で播いたドングリがもう十数メートルに育っている。

島津氏の体験発表で驚かされたのは、製鉄所の緑化のために運んだ土が霞が関ビルの半分を満たすほどの量だった、という事実である。工場緑化というような、企業の収益とはつながらない事業であっても、トップが本気になり、またそれを実行する人を得れば、相当なことができる。中国に「愚公山を移す」という故事があるが、新日鉄はまさに、ちょっとした山を移すようなことをやってきたわけだ。

島津氏の発表を聞いて、私はあるコラムにこう書いた。

「北九州市民にとっての原風景は何よりも高炉だろう。あいにくの鉄鋼不況で、八幡製鉄所で操業する高炉も来秋からは一基だけになる。しかし製鉄所は市民のために、高炉に負けないふるさとの風景を残した。」

ここで風景という言葉を用いたのは、同じ大会で特別講演をした大井道夫氏（国立公園協会理事長）

の演題が「風景の重い意味」であったことを受けている。この講演もまた、私にとっては示唆に富んだものだった。

　大井氏は冒頭に、東京で実際にあった話をした。

　ある区を流れている川が曲がっているため、改修することになった。改修すべき個所には大きなイチョウの木が五本ある。いったん他のところへ移植し、工事が終わってから植え戻すには五〇〇万円かかる。担当の若い造園技師は考えた。活着するかどうか分からないイチョウより、若いカシなら同じ五〇〇万円で一〇〇本買える。これを植える方がいいのではなかろうか——。

　そして大井氏は、どちらがいいかの答えを講演の最後までお預けにした。私の話を聞けば自ずから分かる、という含みでもあったろう。講演の内容は本誌の昨年九月号に全文掲載されたが、ここでは、イチョウとカシについての結論部分だけを引用してみる。

「カシの樹一〇〇本というのは、緑のもっている環境保全機能を考えると、こちらの方がよほどいいわけです。しかし、緑にはそれだけでなく、風景としての意味もあるわけです。風景としての意味から言えば、そこで生活していた人たちの原風景になりつつあるイチョウ五本、これを残した方がいいわけです。緑化には、このような問題がつきまといます。私は風景の意味から、イチョウを残すべきであろうと思うわけです。」

　我々は日ごろ漠然と「緑」「環境」などの言葉を使う。しかし、そこに人間の生活がしみついた時、緑や環境はいちだんと豊かさを増し、消すことのできない風景となる。緑化運動の目指すところもまた、そこまで至らないと本物ではないのではないか。大井氏の話を、私は自分なりにそう受け止めた。

　風景のそうした意味は恐らく、正月や盆にあれほどたくさんの人々がふるさとへ帰ることとも関係がある。人は帰郷という行動に、親類縁者や知人と旧交を温めることだけでなく、心に刻まれたふるさとの風景をこの目で確認したいという、潜在的な期待を込めているのではないか。

近ごろ東京あたりの高層ビルは、周りにずいぶん多くの木を植えるようになった。それはたいへん結構なのだが、大井氏の言う風景にまでなり得ているかどうか。大都会の人間には、ゆとりを持って風景を眺める時間がないといえばそれまでだが、さらに大きな原因として、それらの木々がしょせんビル高層化の見返りにすぎないとみられ、まだ市民の心と深く結びつくまでに至っていないことがあろう。

一〇年ほど前になろうか、米国の半導体メーカー、テキサス・インスツルメンツ社は、日本進出に当たって、大分県の景勝の地、国東(くにさき)半島を選んだ。当時は私自身を含め多くの人がその決断をいぶかったが、同社が(大分県の熱心な勧誘などの条件があったにせよ)良い環境を買ったことが判明するにつれて、工場立地に対する考えを改めるようになった。良い製品は良い環境から生まれ、企業イメージの向上にも役立つ。

今どき、こんなことは常識である。新日鉄はそれをさらに進めて、地域と共生する企業の姿勢を示したと言える。

それにしても、北九州市の場合は、新日鉄という巨大企業があったから救われたと言えなくもない。ごく普通の街の一般論に引き戻せば、風景を造る、あるいは維持するためには、何らかの形で市民の参加が必要だろうし、またその方がいい。

神奈川県のさる住宅地では、デベロッパーと居住者が共同で緑化事業を進めるための組織「コミュニティ協会」を作った。デベロッパーは分譲の際、協会に加盟することを義務づけるから、居住者は全員が会員になる。会員は月に二〇〇円の会費を払うほか、デベロッパーも緑化基金を積み立て、その運用益を会費と合わせて環境の保全に充てる。

協会は街路樹と緑道の維持・管理だけでなく、セミナーとかイベントの開催、町並みや建築物のデザイン指導なども行う。売ってしまえばそれまで、という開発でなく、コミュニティーづくりにまでデベロッパーが一役買おうというのである。

この試みは、売り手が買い手に緑化への参加義務を課すところが面白い。それによって住宅地のイメージが良くなれば、他で開発する住宅地の売れ行きにも好影響が出るであろうことなど、もちろん、企業としての計算あってのことには違いない。居住者の側からすれば、たとえ二〇〇円でも自腹を切ることで、環境保全の意識がいっそう高まることは確かである。


再びロンドンの話になるが、ターナーのコレクションで有名なテート美術館に募金箱があり、貨幣、紙幣がぎっしり投げ込まれていた。日本でいえばさしずめ社寺の賽銭箱である。同美術館はこれ以外に友の会組織を持ち、購入する美術品のかなりの部分はそこからの寄付によるという。

友の会には「ヤング・フレンズ」という、二六歳未満の青少年を対象とする別の組織もある。年一〇ポンド（約二三〇〇円）の会費で、テート美術館での展示を無料で見られるなどの特典が与えられる。

金銭よりは、将来、芸術の良き理解者となる人を、若いうちから育てているという感じである。テート美術館だけにある組織ではないのだろうが、市民参加の一形態として学ぶべきことだと思った。

日本の山々の緑化のためには緑の羽根募金がある。しかしテート美術館の友の会と違うのは、拠出する人がその金の行方を知らないことである。

テート美術館の友の会は、美術館という具体的な存在を助けることを目的とする組織である。拠出された金は美術品の購入に向けることがはっきりしており、友の会の案内書にも「誰それが描いたこの作品は、友の会の援助で入手した」と写真つきで記されている。

美術館と同列には扱えないにしろ、緑の羽根募金の場合、自分の拠出した金がどの山のどの木を植えるのに使われたかを知りたいなどというのは、どだい無理な注文だろう。

先に神奈川県の住宅地の話を持ち出したのは、基金の使用目的がきわめて具体的であることを言いたかったからに他ならない。人間は多かれ少なかれエゴイスティックな存在だから、緑の羽根募金に協力するのは渋っても、自分の町の緑化に役立つ仕組みがあれば喜んで参加するという人（または企業）は、いくらもいるのではなかろうか。

（『日本経済新聞』一九九〇年八月二七日「春秋」）

鶏の足は何本？

鶏の足を四本描く子供がいるとは聞いていた。しかし四本足の鶏の絵ばかりを十数枚も並べられると、さすがに目を疑ってしまう。ある学校で、一年から三年までの一五三人に鶏を描かせたところ、一九人が足を四本にした。尾を描き落とした生徒も一四人いた。（日本緑化センター『グリーン・エージ』一九九〇年八月号）

一—三年といっても、実は小学校でなく中学校でのことだ。しかも東京や大阪のような大都会と違って、広島県の農村部にある。校舎は瀬戸内海を見下ろす丘に建ち、夏の朝にはカブトムシやクワガタが壁をはっていたりする。豊かな自然に取り巻かれている中学校にさえこの現実がある。異様な鶏の絵を見て、理科の先生は「ただごとではないものを感じた」という。

夏休みも終わりに近く、夕方の電車には遊び疲れた親子づれがたくさん乗っている。一人っ子世帯が増えたせいか、両親はずいぶん熱心に子どもと付き合っているように見える。動物園へも行くはずなのに、付き合い方のどこかに盲点があるのだろうか。「鳥類は二本足であるという常識が形成されないような背景が子どもたちの世界にある」と、この先生は書いている。

なんとか身近なところで自然体験を深めようと、その中学校では「樹木オリエンテーリング」を始めた。カードを持って、校庭にある木の名前を調べる。以前はただの木だったものが、名前と特徴を知ることでにわかに存在感を増す。それは自然観察の第一歩である。木工家の稲本正さんが「自分の木」を持とうと呼び掛けているのも、これだったのかと思い当たる。


（『日本経済新聞』一九九一年一〇月二〇日「中外時評」）

美しい村にはワケがある

九月、ドイツ南部のバイエルン州。ミュンヘンからローテンブルクへの農村地帯をバスで走っていた時、ジャーナリスト仲間の一人が思わず叫んだ。

「すばらしい。どっちを向いても絵になるな」

「絵になる」とは、もの書きの発する言葉としてはいかにも陳腐なようだが、正直言ってそれは私自身の実感でもあった。

ゆるやかに起伏する畑と牧草地。あちこちに点在する牛。農地をくっきり縁どる黒々とした森。カラフルな三角屋根の農家には窓ごとにフラワーボックスがしつらえられ、ゼラニウムが咲き誇っている……。実は私たちの欧州取材の一つの目的は、まさにこの農村風景を見ることにあった。

欧州共同体（ＥＣ）の農政について少し勉強すると、しきりに「景観」という言葉に出くわす。時には「環境」と「景観」が並べて使われたりもする。ＥＣは農村の景観を守るため、農家に補助金を出しているというのである。

＊

特に熱心なのはドイツと英国で、例えばドイツのキーヒレ食糧農林相をはじめ農政当局はしばしば「食料は輸入できるが環境や景観は輸入できない。農業があることによってそれが維持できる」とまで言っている。食料と景観を同じ次元で比べることなど、日本では通用しにくいのだが――。

その疑問はバスの旅のおかげでかなり解けたように思う。いまＥＣでは食料が過剰だから、増産につながるような財政資金の使い方は好ましくない。しかし、「美しい農村景観を維持するために農業（増産にならない範囲での）を営む必要があるのなら、そこに住む農家を助けるのは当然だ」とドイツ農政当局は言う。農村景観を国民の財産とみなし、農家をその管理人と考えるのである。

英国の場合、農村の環境・景観政策はもっときめ細かく、畑を区切る生け垣の刈り込みにまで補助金を出している。英国農漁業食糧省によると、こうした政策は過去の苦い経験から始まったものだという。

第二次世界大戦中、食料不足に苦しんだ英国は戦後、農業生産力の向上に努めた。より効率のいい農業にするため、機械作業のじゃまになる生け垣は刈られ、湿地は埋められた。化学肥料が大量に用いられ、動植物の種類は減った。

このようなことがやがて農村の景観を損ね、野生生物のすみかを奪う結果になった。その反省から英国政府は一九八〇年代以降、環境や景観に配慮した農法を援助している。英国人が田園の散策を好み、野生生物に特別の気配りをすることが、その背景にはある。

＊

バイエルンの「絵になる」農村を走りながら、私はかねがね気になっていた一文を思い出した。木村尚三郎氏が『「耕す文化」の時代』（ダイヤモンド社刊）にこう書いている。

「戦前のほうが、農家の人たちは村を美しくすることに熱心だったように思われてならない。（中略）全体に農村から美意識が失われ、日本の村の美しい光景は失われてしまったのではないか」

もちろん農村の側にも言い分はあるだろうし、日本中から美しい村が消えてしまったわけではない。しかし一般論として言えば、木村氏の指摘するような傾向があったことは否定できない。

ECの影響によるものかどうか、日本の農水省も来年度予算で「美しいむらづくり特別対策」を要求している。「景観や環境に配慮した農村整備」という触れ込みである。整備対象の例としては、石積み水路、せせらぎ水路、木材を活用した橋、蛍や魚のためのブロック、親水護岸などが並んでいる。裏を返せば、これまでの土地改良や農道整備事業などが景観にまるでオンチだった、ということを意味しているわけである。

農水省の計画では、モデル的に七〇カ所を対象とするこの事業を、二年間で一気にやってのけることになっている。早くモデルを作って、他の農村にもまねてもらおうというのだろう。

けれども、農村のたたずまいには住民の心や地域の伝統が反映せずにはおかない。大急ぎで施設を整備すれば村は美しく生まれ変わる、というような具合にはいかないのではないか。英国の田園で生け垣に見ほれていると、景観もまた農村がはぐくんだ文化にほかならないことがよく分かる。

（『日本経済新聞』一九九三年八月九日「春秋」）

農村景観の価値

韓国の農村をバスで走っていて、とりたてて目を引くものがあるわけでもないのに美しいと感じた。時差なし、風土も文化も共通点が多く、集落のたたずまいも似ている隣国なのに、どこか違う。やがて、その原因はどうやら看板にあるらしいと気付いた。日本では田んぼの真ん中にまで看板が立っている。韓国の農村ではそれがほとんど見当たらないのだった。

二三年も日本に住み、美しい農山村を撮り続けてきた写真家ジョニー・ハイマス氏が「最近は撮影のポイントを探すのがとても難しくなって」と嘆いている（21世紀村づくり塾『ビレッジ』九三年夏号）。高速道路、リゾートホテル、コンクリートで固めた河川――経済成長の象徴みたいな施設が邪魔をする。「（施設づくりは）もう十分なのではないですか」とハイマス氏は言う。

ドイツのロマンチック街道は欧州でも指折りの農村風景で知られている。日本人観光客も多いが、あの風景は自然にできたわけではない。農地の整備をする時、森や道路、農家の建物、生き物のすみかまで含めた景観に気を配り、永年かけて作り上げたのが今日見られる農村なのだと聞いた。だからこそドイツ人たちは農村を愛し、誇りにも思っているのだろう。

今さら高速道路をなくすわけにはいかないが、日本でもようやく、自然を生かした空間づくりへの関心が高まっている。いくつかの自治体が取り組み出したビオトープ造成事業もその一つ。ビオトープとは「野生生物の生息空間」という意味のドイツ語だ。わざと道路を舗装せず、川の土手には野草をはやし、自然の生態系が回復するのを待つ。一度失った自然を取り戻すには手間と時間がかかる。


(『日本経済新聞』一九九五年一月一五日「春秋」)

明治神宮の森

今年も初もうでの人出が日本一だった東京の明治神宮。うっそうと繁る森はいつ歩いても心地よい。しかし七〇ヘクタールに及ぶ森の大部分が元は畑と草地で、綿密な計画に従って人工的に造られたことはあまり知られていない。東京のような大都市にも、その気になれば立派な森ができるというお手本なのだ。

神宮の森は一九一五年から六年がかりで造成された。松井光瑤氏ほか著『大都会に造られた森』(第一プランニングセンター刊)によると、そのために全国から寄せられた樹木は一〇万本近くにのぼった。何をどう植えるか。五〇年後、一〇〇年後、一五〇年後の変化をそれぞれ想定した森の姿がまず描かれた。一〇〇年前後で天然の森に近くなるよう設計したというから、気の遠くなるほど息の長い仕事である。

作家の椎名誠氏が、日本人は遠くを見なくなってしまったのではないか、と書いている（『朝日新聞』一九九五年一月一〇日）。情けないが自らを省みても同感だ。中学生のころ、「僕の前に道はない」で始まり「この遠い道程のため」で終わる高村光太郎の詩「道程」の雄大さに感動した。なのに年をとるごとに毎日が短くなり、ついつい目先のことに追われてしまう。そう反省しながら思い出したのが神宮の森だった。

成人の日である。日本人の平均寿命はだいたい八〇歳だから、きょう成人式を迎える人たちは人生の四分の一を生きたことになる。まだまだこれからだ。神宮の森のように一五〇年先とは言わないまでも、未来を見つめる時間はたっぷりある。残り時間の少なくなった大人たちが、どんなに力んでみても及ばない強みを君たちは持っている。

（『日本経済新聞』一九九六年六月一六日「中外時評」）

失われる農耕文化の遺産

埼玉県所沢市と三芳町にまたがる三富（さんとめ）新田は、ことし開拓の完成から三〇〇年を迎えた。東京の都心から約三〇キロ、武蔵野台地に広がる一四〇〇ヘクタールもの畑作地帯だ。「川越イモ（サツマイモ）」をはじめとする野菜の大産地で、野菜農家にしては規模の大きい経営が多く、元気な後継ぎもけっこう残っている。ところが農家を訪ねて話を聞くと、一様に悩んでいるのは「このままでは雑木林がなくなってしまう」ということだった。なぜ野菜農家が雑木林の心配をするのだろうか——。

三富新田は江戸幕府五代将軍・徳川綱吉の寵臣(ちょうしん)だった柳沢吉保が、川越藩主時代にわずか三年間で開かせた。柳沢は綱吉の権勢をカサに着た策謀家としてのイメージが強いが、藩主としては民生によく心をくだいたらしい。三富地区では新田開発の大恩人として敬愛されているという。

新田の区画には独特の工夫がこらされている。道路に面して両側に間口四〇間(七二メートル)、奥行き三七五間(六七五メートル)、広さ約五ヘクタールの区画が並ぶ。奥行きが間口の一〇倍近くもある短冊型だ。各区画とも道路から奥へ向かって順に住宅地、畑、雑木林という配置になっており、まことに整然とした景観を成している。

この地区の農家は開拓当初に植えた雑木林を一〇世代前後にわたって維持してきた。ナラを中心とする雑木林は冬の強風を防ぐとともに薪の供給源にもなった。今は薪にはしないが、落ち葉は集めて堆肥にし、サツマイモの苗床を作るのにも使う。住宅地が広いのは、そこが堆肥を積んだり、サツマイモの苗床を設けたりする場所でもあるからだ。

三富の農業は畑と雑木林、住宅地の三点セットで成り立ってきた。生産と生活の場が一体化しており、農業を続けることで景観も保たれる。土地の合理的な利用法としての短冊型区画が、結果的に景観形成の手法としても成功したのである。ちかごろ「環境保全型農業」や「美しいむらづくり」が叫ばれているが、三富新田の三〇〇年はそのモデルと言ってもいい。

ところが近年、雑木林を切り売りする農家が目立つようになった。林が伐採された跡にできるのは、産業廃棄物置き場、霊園、建設資材倉庫のいずれかと相場が決まっている。緑のベルトがところどころで断ち切られ、野積みされた産業廃棄物の山がそそり立つ。時には廃棄物が燃え出して消防車が駆けつけたりもする。せっかくの景観もこれでは台無しだ。

農家は雑木林を売りたくて売っているわけではない（中にはそういう農家もいるだろうが）。相続の時に手放さざるを得ないのである。東京に近いため地価が高く、相続税は膨大な額になる。例えばH氏は三ヘクタールある雑木林のうち八〇アールを売った。八億円の相続税を払うためだった。そこにはいま、建設資材が置かれている。

隣接した畑については納税猶予制度があり、農業を継続すれば免税になる可能性もあるが、あいにく雑木林は対象にならない。H氏はサツマイモ、ニンジンなどの野菜を合計三ヘクタールほど栽培する優れた農家だ。野菜で三ヘクタールなら堂々たる経営規模だし、すでに立派な後継者も決まっている。しかし億単位の金となると、農業収入では逆立ちしても払える額ではない。

もちろん相続税の重圧は農家だけのことではない。八億円も税金がかかるほど資産があってうらやましい、という見方もあろう。しかしH氏にとって雑木林は単なる資産ではなく、農業を続けるために欠かせない手段なのだ。雑木林で野菜は作れないが、林があることで野菜畑へ有機質が大量に供給され、環境と調和した農業ができる。

三点セットに支えられてきた農業が、そのうちの一つを失ったらどうなるか。農地を売った時に税金がかかるのならともかく、これでは農業を続けたくても続けられなくなる、とH氏は嘆く。

これが一農家だけの問題なら、お気の毒で片づけられもしよう。しかし三〇〇年の歴史を刻んだ三富新田の景観は、農耕文化の見事な成果でもある。気がついたら、私たちはかけがえのない遺産を失っていた、ということにならなければいいが。

米カレンダー

（『日本経済新聞』一九九六年一〇月一九日「春秋」）

評論家の富山和子さんから早々と一九九七年版「日本の米カレンダー」をいただいた。「水田は文化と環境を守る」とサブタイトルがついている。毎年のことながら、美しい農村の写真に富山さんの思いを込めた短文が添えられ、月ごとに日本の原風景を楽しませてくれる。

一二枚の中に二枚だけ水田でない写真がある。七月の緑鮮やかな北山杉（京都）と、一二月の吹雪に耐えて立つ落葉樹群（新潟）だ。「米カレンダー」にしては変なようだが、富山さんの著書を読んだことがあれば不思議でもなんでもない。富山さんにとって森林と水田は切っても切れない関係にあるからだ。

森林は雨水を蓄えて水田を潤す。木の葉は落ちて有機質となり、豊かな土壌をはぐくむ。他方、山里に住む人々が森林を維持できたのは農業のおかげだった。木は植えてから伐採するまでに何十年もかかる。その間を生きるには、たとえ棚田のように狭い土地でも農業がなくてはならない。こうして両者は持ちつ持たれつの間柄になった。

富山さんは七四年に書いた『水と緑と土』（中央公論社刊）以来、水田がダムのような貯水力を持つことを力説してきた。水田には米の生産にとどまらない働きがあることを、いち早く評価した人だ。その機能を維持するには農業がしっかりしていなくてはならない。一年じゅう目に触れるカレンダーを通じて、富山さんは日本の稲作を守ろうと訴え続ける。

参加と創造

特集「都市計画家にもの申す」日本都市計画家協会）
（『都市計画家』一九九八年夏号、

一九九七年一月に定年退職するまで三七年余りも東京の新聞社に勤務していたが、所属は地方部が長く、専門分野は農林水産業だった。従って都市よりは農村に、高層ビルよりは土や緑に、多く目を向けてきた人間である。与えられた機会に、そういう立場から日ごろ感じていることを書いてみたい。

久しぶりに訪ねてみたら街の印象が一変していた、ということは少なくない。岡山市の西川沿い一帯もその例で、大量の木々で緑化が進められ、川の護岸も整備されて見違えるようになった。十数年前、市内に住んでいた頃は、西川周辺に飲み屋が多いため日が暮れてから行くことが多かったせいか、雑然としていささか薄汚かった印象がある。まさに様変わりである。

西川の水をうまく生かした緑化の見事さに目を見張りながら、一方ではどこか物足りないものを感じたことも事実である。一本一本の木々の配置までよく考えられているのだろうが、やはり人工的で、悪く言えばパターン化しており、この街の人間臭さみたいなものが乏しくなった。別の言い方をすれば、この街ならではの風景になりきっていないように見えるのである。

こういう緑化事業を見ていつも思い出すのは明治神宮の森である。東京二三区内で自然が最もよく残っていると言われるこの森は面積が約七〇ヘクタールあるが、元はといえば大部分が畑と草地だった。

一九一五年から一六年かけて、全国から寄贈された一〇万本近い苗木を使って造成されたのだが、驚くべきはその構想の息の長さである。まず五〇年後、一〇〇年後、そして一五〇年後にそれぞれ森がどうなるかを想定した姿を描き、およそ一〇〇年前後で天然の森に近くなるように設計したのだという。しかも造成に当たっては青年たちが勤労奉仕で一〇万本の木を植えた。当時の政府が動員したものだろうが、現代風に言えば住民参加の森づくりである。これとて人工の森には違いないが、一面にふかふかと落ち葉が堆積した森を歩いていると、壮大な規模と長い年月が人工を忘れさせる。

住民参加といえば、群馬県新田町では数年前、一・八キロに及ぶサクラ並木を造ったが、その際、町民に苗木を一本三万円で買ってもらった。大きく伸びた並木の一本一本に、その木を買った町民のネームプレートが付いている。植えた後の管理はいっさい町が引き受けているが、できれば何らかの形で管理にも住民参加の余地を残したいものである。

私が住民参加にこだわるのは欧州旅行の経験からである、初めてフランスやドイツの農村を取材した時、まず気が付いたのは、どの住宅も窓辺やその周辺が吊り鉢とかプランターに植えられた花で精一杯飾られていることだった。住民たちが「ほら、見て下さい。私たちの村はこんなにきれいですよ」と語りかけてくるかのようだ。日本でもこうありたいと思っていたら、ここ数年、農村地帯では、道路に沿って美しい花が一キロも二キロも植えられている風景によくお目にかかるようになった。植え方から見て素人の仕事と分かるが、それでも自分たちの手で村を少しでも美しくしようという、土地の人たちの息づかいが伝わってくる。

都会ではこんなことはとても無理だと思われるかも知れないが、頭からあきらめてかかることもない。東京の下町では昔から、長屋の玄関先にも箱など置いて土を入れ、花や木を植えていた。長屋がマンションか何かに変わった今日でも、その名残はあちこちに見受けられる。

私の住んでいる街のイチョウ並木は実にひどい扱いを受けていて、住宅地ができて三〇年近くたつというのにさっぱり伸びていない。それもそのはず、毎年、ある時期になると業者がやってきて、せっかく伸びた枝をばっさりと切り落としてしまうのである。たぶん枝が電線に触れたり、道路標識を見えにくくするなどして邪魔だというのだろう。しかし、電線を地下に埋設しない限りそうなることは当初から分かっていたはずで、つまり設計者が丸坊主にすることをあらかじめ計算に入れていたことは明らかである。彼らにとっては「並木を造った」という事実だけが大切で、植えた木をのびのび育てようということは念頭になかったとしか思えない。

それはともかく、そんな住宅地でも、並木の根元の僅かな土にせっせと花を植えている人がけっこういる。人々は街を美しくするために何かをしたいという気持ちを失ってはいないのである。これからは高齢者たちがそうした活動を担うようになる可能性がある。ボランティアなどとして、自分なりに多少とも社会に役立ちたいと願っている高齢者は少なくないはずである。

これもずいぶん前のことだが、ドイツのベルリンで広大なクラインガルテン（市民農園）を訪問し、すっかり感心した。平均二五〇平方メートルの区画が二七〇〇余りあり、それぞれ生け垣で囲まれている。果樹や庭木の間に小さいながらログハウスも建てられ、週末など家族で泊まることもあるという。最近の事情は知らないが、当時、ベルリンにはこうしたクラインガルテンが二九カ所にあった。それでも新たに借りるのは大変で、順番待ちの人が大勢いるということだった。

それから何年かしたら、日本でも市民農園がブームになった。私の住まいの近くにも市がかなり広い農園を開設し、上々の人気だという。規模はそれほどでなくとも、農家が土地を提供する農園は全国どこにも見られる時代である。私自身も、二〇年以上前から猫のひたいほどの土地を借りて家庭菜園を楽しんでいる。ベルリンのクラインガルテンとは比べようもないが、還暦を過ぎた身にはこれで十分。ログハウスはなくても、心休まるひとときを過ごせることに変わりはない。

これからの都市づくりに当たっては、「農のある空間」を設計段階からぜひ組み込んでもらいたいものである。庭付き一戸建ての場合はともかく、マンションを何棟か建てる時には、できれば子供の遊び場の一角あたりに、たとえ面積は狭くても、住民が野菜や花を育てられる畑を設けたい。もちろん、育てる人がいれば見て楽しむ人もいていい。クルマがあれば農園が離れていても平気だという考え方もあろうが、例えば高齢者や子供、あるいは障害者が毎日、好きな時間に花や野菜の育ち具合を確かめ、水やりもするには、やはりできるだけ身近にあってほしい。

八六歳になる私の母にとって、最大の楽しみは草花を育てることである。二度にわたるガンの手術に耐えた母は、大好きな花々から生きる力を得ているようにさえ見える。母は農村地帯にある私の生家に住んでいるから土と離れずに過ごせるが、マンション住まいの高齢者にはそのような場所がない。

こう書くと、「そういうことは百も承知だが、今どき都会にそんな空き地はないよ」という声が聞こえてくるようだ。しかし、例えばやがて建設が始まる常磐新線（東京―茨城）の場合、沿線にはまだまだ農地や林がたくさん残っている。新線を建設する時にはそれらの農地や林を潰すことになるが、それならせめて、駅周辺の開発に際して「農のある空間」を組み込んだ街づくりの設計をしてほしいものである。

これは私一人の勝手な願いではない。地元に住む著名な学者が、やがて新線に土地を提供することになる若い農業者たちと話し合い、実際にそうした街づくりの構想を図面まで描いて提案したことがある。住民自らが設計から街づくりに参加しようというのであり、この構想には市長も乗り気だと聞いている。このような構想が実現すれば、住民参加の街づくりからさらに進んで、住民自らが創造する街づくりになる。

市街化区域内の農地を「生産緑地」に指定し、都市の農地を維持しようという制度がある。しかし、地主の都合でたまたま残っている農地を緑地並みに扱うこの制度は、私には都市政策の貧困さを隠すまやかしの手法としか見えない。もっと積極的に、農地を含む緑の空間を都市計画の中に最初から位置づけるべきである。

これまで、都市と農村は別々にあるもの、全く異質なものとして考えられてきたように思える。しかし、本当に住みやすい地域とは、便利さ、若々しい活気などの都市的な快適さと、おだやかさ、豊かな緑など農村ならではの快適さの、両方を備えたところであるに違いない。情報過疎になりがちな農村地域にこそ高度な情報ネットワークが必要なように、時間の流れの速い都市には「農のある空間」が欠かせないと私は思う。

生き物を指標とする直接支払い

（『農業構造改善』二〇〇六年四月号「食と農の歳時記1」日本アグリビジネスセンター）

水田のもたらす「恵み」

桜前線の北上とともに春耕の季節がめぐってきた。南北に長い日本列島では桜も春耕もところによって大きな時差があるが、ともかく春耕の後には田植えが続く。やがて日本中の水田で早苗がそよぐようになれば、にぎやかなカエルの声が聞かれる日も遠くない。

カエルに限らず、水田には実にさまざまな生き物が生息している。宇根豊ほか著『減農薬のための田の虫図鑑』（農文協刊）を見ると、水田とはこんなに豊かな生命が活躍する舞台であったかと、改めて驚かずにはいられない。

福岡県の「県民と育む『農の恵み』モデル事業」に参加している農業者たちは、減農薬稲作に取り組みながら、自分の水田にどれくらいの生き物がいるかを調査している。それも収穫に直結する害虫や益虫だけではない。トンボ、ホタルからヘビ、タニシ、カニ、カメ、ツバメに至るまで、七五種もの生き物について調べる。いったいなぜ、そのような調査をするのか……。

福岡県は二〇〇八（平成二〇）年度に環境支払いを始めることを視野に入れつつ、その準備として〇五年度からこのモデル事業を始めた。水田は米を生産する場であるが、同時に多種多様な生き物を育てる場でもある。そこでは農業の多面的機能の重要な一部を成す「生物多様性」が維持されている。それを農業のもたらす「恵み」と受け止め、県民全体で「育む」ために、「恵み」を増やすような農業をしている農業者の努力に直接支払いで報いようという事業である。

地方が先行した環境支払い

環境支払いとは、環境保全に役立つ農法を実践する農業者に国や地方自治体が助成金を出して支援することで、EU（欧州連合）、アメリカ合衆国、韓国などで広く行われている。日本でもいくつかの市町村で先駆的な試みが見られるが、県レベルでは滋賀県が〇四年度に創設した「環境農業直接支払制度」が、国に先駆けての制度化として評判になった。

滋賀県の環境農業直接支払制度は農薬や化学肥料の使用量を原則として慣行の五割以下に抑え、水田の場合は代かきによる排水の汚濁を少なくするといった「環境こだわり農業」を行う農業者に対し、生産されたものを県が「環境こだわり農産物」として認証し、「環境こだわり農業」のための掛かり増し経費について直接支払いを行うものである。その額は作物により一〇アール当たり二〇〇〇円（ナタネ）から最高三万円（施設野菜・果樹の一部）で、稲作は五〇〇〇円となっている。二年目の〇五年度には各作物合わせて四三〇〇ヘクタールで「環境こだわり農産物」が栽培され、〇七年度の目標である四五〇〇ヘクタールにあと一歩まで迫った。

滋賀県に次いで環境支払いの声をあげた福岡県は、モデル事業の対象を稲作に限定する一方、直接支払いのための指標として水田の生き物に着目した。県下一四カ所のモデル地区でこの事業に参加する農業者は、滋賀県と同じく農薬・化学肥料の使用量を慣行の五割以下に抑えるとともに、稲作期間中に三回、生き物を観察し、記録する。県民全体で「育む」事業とするために、生き物調査には地域住民や小学生、NPOなどもボランティアとして参加する。

これを三年間続けることで、農法が生き物の数にどう影響するかを見極め、それを指標として環境支払いの内容を決めようというものである。その間、農業者には掛かり増し分として一〇アール当たり五〇〇〇円が支払われるから、モデル事業とはいえ実質的に環境支払いはスタートしているのである。

一九九〇年代以降、世界的に環境支払いへの流れが強まる中で、日本は国レベルでの検討が遅れ、以上のようにまず地方が先行した。しかし昨年一〇月に農水省が決めた「経営所得安定対策等大綱」によって、ようやく〇七年度から国レベルでもそれらしい施策が登場することになった。具体的には大綱の三本柱の一つである「農地・水・環境保全向上対策」の中に、環境保全に向けた先進的な営農活動への支援が盛り込まれたことである。

第三の直接支払制度を

農地・水・環境保全向上対策は仕組みが複雑で分かりにくい事業だが、ひと口に言えば農業者のほか地域住民やNPOなども参加して自治体と協定を結び、地域の農業資源や農村環境を守る共同活動に対し、国と自治体が支援するものである。対策は二階建ての構造で、一階部分が農地、水（水路やため池）、農村環境（景観や生き物）の保全と質的向上のための共同活動に対する支援、二階部分は共同活動の実施地城で農業者がまとまって環境にやさしい営農を行う際の掛かり増し経費や活動経費の支援、となっている。

先に「それらしい施策」と思わせぶりに書いたのは、これらの施策について国が「直接支払い」という言葉を使っていないからである。その理由は助成金が活動組織に交付され、個々の農業者に支払われるものではないためだという。しかし二階部分の助成金は活動組織を通じて農業者に配分してもよいことになっているから、直接支払いと呼んでいっこうに差し支えない。一階部分は配分を認めないものの、使い方はかなり自由にされる見通しだから、結果として直接支払いと同じ効果を持つ可能性がある。

日本では二〇〇〇年度からの中山間地域等直接支払制度に続き、大綱で決まった品目横断的経営安定対策により、諸外国との生産条件格差を埋める「日本型直接支払い」が〇七年度に創設される。三つ目の直接支払制度として期待されているのが環境支払いである。農水省は言葉の解釈にこだわるより、国民に対し農政転換の象徴として堂々と環境支払制度の導入を打ち出す時ではなかろうか。

（『農業構造改善』二〇〇七年四月号
「食と農の歳時記13」日本アグリビジネスセンター）

「自給率一二%の日本」とは

農水省の仰天試算

いやー、びっくりしたなあ、もう。朝起きて新聞を開くと、いきなり「食料自給率一二%に」なんて大見出しが目に飛び込んできたのですから。顔を洗ってよくよく見たら、農産物の関税を完全になくしたと仮定して農水省が試算したものと分かり、少し気が楽になりました。それにしても「農業生産額四割滅」「三七五万人が失業」「米麦はほぼ壊滅(注)」と見出しが並んだら、誰だって仰天しますよ。皆さんもきっとそうだったでしょう。

え、自給率など関係ないから知ったことじゃない？　フムフム、そりゃそうですね。農家は「自給率を高めてやろう」と思って農業をしているわけではないし、「この農産物を買うと日本の自給率は……」と考えながら買い物をする消費者は、居たとしても例外的でしょう。しかしまあ、今日のところはしばらく我慢して、私の仰天に付き合って下さい。

読んだ方も多いかと思いますが、この試算は経済財政諮問会議のＥＰＡ（経済連携協定）・農業作業部会に農水省が提出したものです。関税を全廃しても、財政負担などによる追加的な対策（つまり農業支援）は何も行わない、などの前提条件を付けたうえで試算すると、ざっと次のような結果になったというのです。

①農産物の国内生産額は約四二％減少する。このうち米は、最終的に農家の自家消費分や一部のこだわり米を除きほとんどが輸入米に置き換わり、一〇％が残るだけとなる。小麦、甘味資源作物、でん粉原料作物、加工用トマト、繭はほぼ壊滅する。

②農産加工業も外国産加工品の攻勢に敗れ、精製糖業など九業種で企業のほぼ全部が撤退に追い込まれる。

これではもう、日本にには農業も農産加工業もいらないと言うに等しいですね。食料・農業・農村基本計画では自給率の目標を四五％にしたはずですが、それと今度の試算との関係はどうなっているのでしょうか。基本計画は閣議決定されたものですから、政府はこの数字に責任を負っているとばかり思っていましたが、安倍晋三首相が議長をつとめる諮問会議ではどんな答えを出すのやら。

困るのは誰か？

それはさておき、仮に自給率一二％という事態になったとして、困るのは誰でしょうか。農民作家の山下惣一さんがいつも言っているように、農家は少しも困りませんよね。自分と家族、それにせいぜい親類縁者の食べる分だけをしっかり作ればいいのですから。

なに、消費者だって困らない、ですって？　消費者は王様であり、国産品がなければ輸入品を「選択する自由」がある。なるほど、おっしゃる通りです。と言いたいけど、本当にそうでしょうか。

私が幼少だったころ、輸入品はまことに貴重でした。敗戦まで日本の植民地だった台湾産のバナナをたまに買ってもらった以外は、外国産を食べた記憶がまるでありません。当時の庶民は輸入品を「選択する自由」を持っていなかったのですね。いま、消費者は国産品も輸入品も思いのままに手に入れ、「選択の自由」を満喫しているかに見えます。

でも、例えば大豆はどうでしょうか。大豆の自給率は五％（二〇〇五年度概算）です。食用に限定すればもう少し自給率は高くなりますが、それでも国産大豆製品を口にできる範囲は限られます。だから、どうしても国産大豆がほしい消費者たちは、「〇〇大豆の会」などといったグループを作り、農家と提携して栽培してもらっていますね。そうでもしないと、消費者は国産大豆を「選択する自由」を確保できなくなっているわけです。万が一にも自給率一二％ということになれば、他の農産物でも同じはめに陥る、というようには考えませんか？

国産品オンリーだった時代から、今は国産品も輸入品もお望み次第というありがたい時代です。しかし将来、今度は輸入品オンリーの時代が来かねないとしたら、それは消費者にとって好ましいことでしょうかね。

自給するしかないもの

本音を言えば、私には現代のあなたより未来の日本人たちのことが心配なのです。農産物と違って、いくらカネを積んでも輸入できないもの、言い換えれば自給するしかないものがあるからです。さあ、それは何でしょうか。

そろそろ田植えの季節を迎えますね。早苗が日ごとに伸び、やがて田んぼ一面に緑のじゅうたんが広がる。根元を見ればオタマジャクシの一団が泳いでいる。秋になれば黄金の穂波が風にそよぎ、頭上には水田で生まれたアカトンボが群がって飛ぶ。ホッと心が安まる風景です。

でも農家は「田んぼを眺めさせてやったから代金を払え」とは言いません。農業が健全に行われることによって、日本国民はびた一文払うことなくその恩恵にあずかっているのですね。

オタマジャクシやアカトンボだけでなく、水田や畑にはさまざまな生き物が住んでいます。田畑は森林と同じく生き物にとって最良のすみかです。しかし農家自身は、生き物を育てようとして農業をしているわけではない。作物を栽培することで、同時に生き物も養っているのです。そういうプラスアルファのはたらきが農業にはある。

心地よい風景や多種多様な生き物は農業の持つ多面的な機能の重要な一部です。私を仰天させた農水省の試算では、農業の後退による多面的機能への影響も金額で示していますが、そこには「洪水防止機能」や「河川流況安定機能」はあっても風景や生き物は出てきません。これらはカネで計れない価値なのですね。日本で農業が行われるからこそ、こういう価値が現実化する。どんな輸出大国も売ってくれないこうした価値をまっとうに評価できないで、先進国と言えるでしょうか。

（注）見出しはいずれも『日本農業新聞』二月二七日より。

（『農業構造改善』二〇〇八年二月号
「食と農の歳時記23」日本アグリビジネスセンター）

緑提灯とｐｏｃｏ

みんなで勝手に応援し隊

「緑提灯」という見出しを見て「赤提灯の誤植だな」と思ったなら、あなたは飲んべえとして時代に遅れかけていると自覚していただきたい。

確かに、古くからなじみがある点では緑は赤に遠く及ばない。飲み屋の軒先にぶら下がっている赤提灯の発祥は江戸時代中期らしいが、緑提灯は二〇〇五年四月二三日に灯ったのが第一号であり、生まれてわずか三年足らず。その限りでは、あなたが緑と赤を取り違えたからといって、交通信号ではないから特に非難される理由はない。

しかし、新聞が赤提灯の特集をしたなどという話は聞いたことがないのに、緑提灯の方は『日本農業新聞』（一月一五日）がまるまる一ページを費やして特集を組むほど世間の注目を集めているのである。どちらが先端を走っているかは明々白々ではないか。

とまあ、少々肩に力が入りすぎた書き方をしてしまったのも、実は私、ほかならぬ「緑提灯応援隊」

の一員だからである。農業・食品産業技術総合研究機構・中央農業総合研究センターの丸山清明所長がある新聞に書いた緑提灯の記事を読み、こいつは面白そうだとファクスで感想を送った。すると折り返し「赤紙」ならぬメールが来て、「関心があるなら応援隊に入りませんか」と誘われたので、即日入隊となった。丸山さんこそ緑提灯の発案者その人である。

応援隊といっても特別な資格は必要ないし、厳しい義務を負うわけでもない。「あえてあげれば、街で赤提灯と緑提灯の両方を見かけたら、迷わず緑の店に入ることか」と丸山さんは言う。それだって、あくまでも自発的な行為であり、義務などというものではない。要するに一種の勝手連であり、国産農産物を使ってくれる店を緑提灯で応援したいという「隊」なのである。

遊び心から生まれた運動

おっといけない。応援隊のことに気を取られて、提灯そのものの説明を忘れていた。緑提灯は文字通り緑色の提灯であり、その店で使っている食材の自給率、つまりカロリーまたは重量ベースでの国産食材比率に応じ、五〇％超＝星一つから九〇％超＝星五つまで、一〇％きざみで五段階に分けて星を描く。

では店ごとの星の数は誰が決めるのか。ここからが緑提灯らしいところで、応援隊のホームページに「星の数は店主の自己申告による」と明記されている。有機農産物みたいに登録認定機関から、高いカネをかけて認証してもらうのとは訳が違う。言ってみれば「国産農産物を応援しよう」という店主の心意気を、店主自らが計算した星の数で示そうというのである。

もっとも、個々の店の自給率は季節ごとの食材によっても変わるから、キッチリ計るにはなかなか手間がかかる。あるいは心意気が過ぎて「過大申告」をしてしまうことも、ないとは言えない。その場合はどうするか。「『反省』と書いた鉢巻きを巻いたり、丸坊主にするなどして深く反省すること」と、これもホームページにある。

もうお分かりいただけたろう。緑提灯は遊び心たっぷりの自給率向上運動である。

そもそも丸山さんがこの運動を思い立ったのは、かつて札幌勤務だったころ、北海道ならではの食材を楽しもうとしたが、あんがい口に入りにくいと感じたことにある。言われてみれば私なども、取材や講演で地方へ行った際に同様な経験をする。ホテルに入ったが、さてこの土地らしいものを食べさせてくれる店はどこに……。一人で街に出て途方に暮れることが少なくない。

そんな時、これぞ地元産品応援の店と知らせる目印があったら、ためらうことなくのれんを潜るだろう。そういう店を全国至るところで発掘し、及ばずながら自給率向上の後押しをしようというのが緑提灯運動である。どうです、あなたも今すぐ、応援隊に参加しませんか。

「ちょっとずつ」の願い

『日本農業新聞』の特集には私もコメントを寄せたが、スペースがなくて書ききれなかったことがある。それは緑提灯とフードマイレージの結びつきである。最近とみに関心が高まっているフードマイレージとは、食料の輸送に伴う環境負荷を輸送量×輸送距離の数値で示すものである。輸送距離が長ければそれだけ二酸化炭素の発生量が多く、環境に悪影響を与える度合いも大きい、という考え方であり、当然ながら遠い国から運んでくるものほど数値が高くなる。

中田哲也氏の研究によると、食料輸入総量を人口で割り、平均輸送距離を掛けた「人口一人当たりのフードマイレージ」（二〇〇一年）は、日本を一として韓国は〇・九四、アメリカが〇・一五、ドイツ〇・二九などとなった（『フード・マイレージ』日本評論社刊）。韓国と日本は状況が似ているが、アメリカに比べると六・七倍、ドイツとの対比でも三・四倍という高さである。

二〇〇五年からフードマイレージ・キャンペーンを続けている大地を守る会（藤田和芳会長）では、食料の輸送で発生する二酸化炭素を「ｐｏｃｏ」という独特の単位で表している。二酸化炭素一〇〇グラムが一ｐｏｃｏである。一例をあげれば、国産アスパラガス一本を買うと〇・〇一ｐｏｃｏ、これに対し輸入アスパラガスだと三・四一ｐｏｃｏ、実に三四〇倍になる。地元産を応援する緑提灯運動は、自給率向上と同時に、地球環境を守るｐｏｃｏべらしにも貢献する。

それにしても、ｐｏｃｏとは何ともユーモラスな呼称ではないか。事務局に聞いたら、二酸化炭素の固体であるドライアイスを水に入れるとポコポコと音を出すことに加え、イタリア語でｐｏｃｏ　ａｐｏｃｏが「ちょっとずつ」という意味であることから、「ちょっとずつでも地球温暖化防止に役立てたい」という願いを込めて名付けたという。

緑提灯運動がそうであるように、フードマイレージ・キャンペーンも遊び心いっぱいの愉快な運動だった。

トキとコウノトリに会う

（『技術と普及』二〇一〇年一〇月号
「食と農のつれづれ草3」全国農業改良普及支援協会）

思い出せばひと味違う

多様な生きものとその生息環境を守り、将来にわたって生きものの恵みを享受するために結ばれた生物多様性条約の第一〇回締約国会議（ＣＯＰ10）が、一〇月一八日から二九日まで名古屋市で開かれる。だからというわけでもないが、この夏、佐渡市（新潟県）ではトキ、豊岡市（兵庫県）ではコウノトリに対面してきた。

どちらも野生復帰の試みが進行中の特別天然記念物だが、人工飼育施設の中ではなく、田んぼにいる姿をこの目で見られたのはラッキーだった。神経質な鳥だから素人がむやみに近づいてはまずいが、佐渡でも豊岡でも地元の友人がぬかりなく案内してくれた。

コウノトリの場合は市内のあちこちに人工巣塔が立っていて、どの巣には親子がいるはず、といったことが分かっているから、会える確率は比較的高いらしい。コウノトリは農家と見物客とを見分けるのか、農家なら巣塔の真下近くで音の出る農機具を使っても逃げたりしないという。

トキの方は巣塔があるわけでなく、友人も「会えるかどうかは運次第」と自信がなさそうだった。ボランティアで観察を続けている人から友人に、「今すぐ来れば見られる」と嬉しい緊急情報が届かなかったら、行きずりの旅人にはとても見つからなかったろう。友人が急いで車を走らせてくれ、何とか間に合った。少し緊張しながら大口径の望遠鏡をのぞくと、二〇〇メートルほど先の田んぼで器用にエサをついばむトキは、それだけで絵になっていた。

トキもコウノトリも、水田に住む生きものを大量に食べて育つ。つまり稲作と切っても切れない関係にある。だから佐渡市では、農薬や化学肥料の使用を減らし、生物多様性に配慮した農法で栽培されたコシヒカリを対象に「朱鷺(とき)と暮らす郷」認証制度を設けている。豊岡市にもコウノトリとの共生を目指す「コウノトリ育む農法」で栽培された米や、その米を原料にした日本酒がある。トキやコウノトリを思い浮かべながら食べ、飲むと、味もひときわ引き立とうというものだ。

プラスアルファの源泉

世に農薬・化学肥料を抑えた米や酒はいくらもあるのに、商品名にトキやコウノトリの名がつくと、なぜおいしさが増すような気分になれるのか。味の好みは人さまざまだが、本来の味に微妙なプラスアルファがあることだけは間違いない。このご飯を食べ、この酒を飲むことが、エサになる生きものがたくさん住める——つまり豊かな生態系を持つ——水田の拡大につながり、野生復帰にちょっぴりではあるが役立っているという満足感、あるいは参加意識と言ってもいいだろう。

豊岡訪問の際は少しだけだがビオトープの補修作業を手伝う機会があった。ほとんど耕作放棄されていた八ヘクタールの水田を、NPOがコウノトリのエサ場として再生させたのだという。地域の人たちとNPOのメンバー、それに企業の社会貢献活動でやってきた人たちも加わって、総勢七〇人余りが三時間近くにわたって泥と格闘した。終わってから、友人たちと入った温泉が何とも心地よかった。

コウノトリは豊岡では「ツル」の愛称で呼ばれてきたが、季節によっては害鳥として追い払われる存在でもあった。羽を広げると二メートルにもなろうという鳥が、エサを求めて田植えを済ませたばかりの田んぼに舞い降り、早苗を踏みつけるからである。しかし、野生復帰の機運が高まる中で兵庫県と豊岡市が詳しく調査したところ、一四〇歩から四一〇歩に一株の割合で踏みつけることは確かにあるが、実害はほとんど無視できることが明らかになった。

そして今、ビオトープの補修にたくさんの人が加わることからも明らかなように、地域の人々のコウノトリを見る目は違ってきた。県では農家がコウノトリに抱くイメージ調査も行った。その結果は「以前は害鳥のイメージがあったが、現在はない」四七%、「これまでも親しみをもっており、よいイメージがある」四〇%、その他一三%だった。農家の半数近くがイメージを良い方に変えたのである。

「生きものマーク」の効用

農薬・化学肥料を減らしたり、ふゆみずたんぼ（冬期湛水水田）、中干し延期、ビオトープ・魚道づくりなどにより、生物多様性に配慮して生産された農産物を「生きものマーク農産物」と呼ぶそうだ。「マーク」というから、農産物の包装にシンボル的な生きもののラベルでも貼るのかと思ったら、必ずしもそうではないという。

農水省がこの春、『生きものマークガイドブック』を作った。そこでは生きものマークを「生物多様性に配慮した農林水産業の実施と、産物等を活用してのコミュニケーション」と定義し、四二の活動事例を紹介している。コミュニケーションというカタカナがやや消化不良だが、平たく言えば農家が環境に良い農業に努め、消費者はそうして生産された農産物を買うことにより、両者が力を合わせて生物多様性の保全に取り組む、ということだろう。

農家の側から見れば、生物多様性を守る農業に励み、そのことを消費者にちゃんと伝えれば、生産されたものは消費者からそれなりの評価を得ることが期待できるわけだ。例えば豊岡市などをエリアとするＪＡたじまでは、「コウノトリ育む農法」で栽培された無農薬コシヒカリを五キロ三五〇〇円で販売している。

この値段で買ってくれる消費者がいることは心強いが、では「育む農法」を実践するのはもっぱらカネのためなのか。率先して「コウノトリ育む農法」を進めてきたＮ氏の言葉を思い出す。

「米の価格もさることながら、今では自分たちが安心できるものを作ろうと、仲間で話し合っています。」

自分たちが安心できるとは、すなわちコウノトリが安心できることでもある。「育む農法」について、豊岡農業改良普及センターの説明書には「安全なお米と生きものを同時に育む農法」（傍点は岸）とある。

7

食・農と人と

野坂昭如氏との対談「こめと私たち」

（『月刊本の窓』一九八七年一一月号、小学館）

米の自由化をめぐって

岸　米についての論議が盛んですが、野坂さんも活発に発言していらっしゃいますね。

野坂　育ち盛りに飢えの経験をしてますからね。そういう世代の一人として、食い物についての思いは深いんですよ。

岸　「焼けあと闇市派」としての、恨みつらみがあるわけですね。

野坂　意地もあるわけです。（笑）

敗戦からしばらくの間、東京だけでなく都会はどこも飢えていました。東京の場合は北関東の早場米地帯と新潟県が頼みの綱だったんだけど、出してくれないのね。だから東京では水のような雑炊などを食っている時に、新潟の駅前食堂では、のっぺ汁に真っ白いごはん、それにシャケの切り身があったんですよ。山一つ越えただけでね。

そういうことをぼくは、当時、東京で知り、新潟で知ってますからね。まして今度、太平洋が間に挟まっちゃった時は、どういうことになるのかと、アメリカが米の自由化を要求してきた時、ぼくはまず思いましたね。

岸　三年ほど前にも米がなくなったことがありましたね。それで韓国から一五万トン持ってきた。あの時は日本中の米倉庫が、ほんとに、ほとんど空っぽだったんです。
野坂　事実がそのまま伝わったら、えらい騒ぎになるところだった。なにしろ石油ショックの時、たかがトイレットペーパーと洗剤だけで、あれだけのパニックを起こしたのだから。
岸　石油ショックは一九七三年一〇月ですが、同じ年の六月には、アメリカが大豆の輸出をほとんど禁止したため、豆腐がやたらに値上がりしました。
野坂　あの時はアメリカで大豆が不作だったのね。
岸　そうなんです。今でこそ食糧は余っていますが、農業生産は気候の変動などで影響を大きく受けるので、いつどうなるかわからない。絶対安心ということはあり得ないわけです。
　たまたま今朝の『日本農業新聞』にＲＭＡ（アメリカ精米業者協会）副会長ギャバートさんとの会見記事が出ていました。米の自由化要求を出しているのはこの団体なんですが、「日本にどんな時でも米を安定供給できるのか」という質問に、彼は、「努力はするけど絶対とは言えない」と答えているんですね。考えてみればあたり前のことですが。
野坂　食い物の問題は自分にひきつけて考えるとよくわかる。食い物がなくなった時、農家がいちばん先にどこを助けるかというと、親戚にきまってます。ぼくらだってそうだもん。（笑）だからアメリカはまずヨーロッパを助ける。次に助けておいたほうが後で得する国、ソ連や中近東を助ける。わがほうは関係ないんですよ、親戚でも何でもないんだから。（笑）助けてくれるはずがない。
岸　アメリカが米の輸入も自由化しろと言ってきたのに対し、日本国内には賛否両論あるわけだけれども、やはりそこまで考えておく必要はあるでしょうね。

野坂　ただでさえ日本は食糧の自給率が低いんだからね。

岸　主要国の中で、自給率がどんどん下がってきたのは日本ぐらいです。

野坂　イギリスなんか昔は世界中に植民地を持っていて、食糧もみんなそこから運んだでしょう。ところが第二次世界大戦の時、その輸送船がドイツのUボート（潜水艦）にみんなやられてひどいめにあった経験があるから、食糧自給には格別真剣なんです。

岸　日本は小麦にしろ、トウモロコシにしろ、大豆にしろほとんど輸入ですね。唯一米だけは完全自給している。

自由化とのかかわりで言いますと、いま日本は、農水産物については二八品目の輸入制限をしています。そのうち米を含む六品目は国家が貿易を管理している特に重要な品目で、これはガット（関税貿易一般協定）の上でも輸入制限していいことになっています。

いままでアメリカがプレッシャーをかけていたのは、他の二二品目のうち特に牛肉、オレンジ、それに「一二品目」とまとめて言われる一群の農産物、たとえば豆類とかでん粉とかジュースなどについてなのです。自由化できるものは早目に自由化したほうがいいとぼくは思いますが、それが今度はとうとう米に来た。米は最後の聖域だったわけですが、いよいよその牙城に手をつけてきたという感じですね。

野坂　牙城といっても「敵は本能寺にあり」でね、本当の目的は別のところにある。一つは票です。アメリカの農民票は五パーセントだけれど、大統領選挙で農民票のまとまった五パーセントというのは大きいんですよ。それで精米業者の団体を焚きつけて、生産者のごきげんをとろうというわけです。

同じようにまた、いま対日赤字で苦しんでいるアメリカは、その赤字を少しでも減らしたい。それで日本の米は国際価格に比べて高いという。アメリカはその半分の値段で日本に輸出できるというわけです。

米の値段は高いのか

野坂　しかしね、ぼくに言わせると、こっちがほんとに米の値段が高くて世間がヒイヒイいってるならともかく、いまはそんなことで文句をいう日本人は一人もいないのです。

岸　価格の問題について言うと、いま家計消費の中の米代というのは二・二パーセントくらい。その限りでは、おっしゃる通り米はけっして高くない。

ただ、価格というのはあくまでも相対的な問題なわけで、たとえば日本の消費者米価はアメリカの二倍だと、たしかに日本の農林水産省の調査でも出ているわけです。そういう数字に、いまの消費者は非常に敏感なんですね。金利が〇・一パーセント上下してもすぐ反応するくらいですから。そうしますと、仮にアメリカから日本の米と同じ品質の米を持ってきたとして、価格が倍違うとなると、果たしてどちらを買うかですね。

野坂　目の前にパンと置かれて、高いのと安いのとどっちを買うかといったら、それは誰だって安いほうを買うでしょうね。

ただね、そこでちょっと考えると、これは値段だけの単純な問題じゃないわけですよ。ぼくらが食べる日本の米には、日本人のさまざまな思いがこもっている。だからその中には日本の文化や環境をはぐくんできた、風景料や水田料も加わっていると考えていい。

だいたい、いま日本人が食べている米の値段というのは、うまい米をどんなに食べても、四人家族で一日せいぜい四〇〇円です。アメリカからの輸入米でこれが半分の二〇〇円ですむとする。その差は二〇〇円。これじゃコーヒー一杯飲めませんよ。一〇〇円玉二個というのは、いまの日本では最低単位みたいなものです。その最低単位を浮かすために、米をアメリカに任せてしまっていいのかということです。

それによって失われるものがいかに大きいか。そしてまた、将来にわたってちゃんと安定供給されるのか、という不安。

岸　その保障は十分とはいえないと考えたほうがいいですね。米は小麦と違って貿易量が非常に少ないんです。小麦は生産量の二割ぐらいですが、米は三パーセントか四パーセント。まだいまの段階では自給が精いっぱいという国が多いのです。しかもお米の作柄というのは相当ぶれますからね。三パーセントや四パーセントはすぐぶれてしまいます。

野坂　アメリカにしたところで、輸出に向けられる米はそう多くない。

岸　そうですね。これもRMAのギャバート氏が言ってることですが、ギリギリどんなに出しても一五〇万トンだと。一五〇万トンぐらいしか、アメリカでも日本に出すゆとりはないということです。

野坂　しかも向こう側ではいま、お米が注目されはじめて、国内需要も増える傾向にあるわけだしね。

岸　そこへもってきて日本がまとめて買えば、たちまち値段が上がることは目に見えています。実際、ギャバート氏も、値段を上げることが目的だと、はっきり言ってるんですよ。いまはアメリカの稲作農家も赤字経営で、国の補助金を受けている状態ですから。

野坂　そういうことがわかっていながら、当面の貿易摩擦解消のためにということで、自由化の受け入れをはかるわが方の政府には、何か外圧を利用しているフシがある。(笑)

岸　日本がアメリカとの貿易関係を良くするためといって、仮に一〇〇万トンの米を買ったとしても、金額的には二億ドルぐらいで、五〇〇億ドルを超える対米黒字からみると、コンマ以下の改善にしか過ぎないわけです。そういうことのために日本の稲作を潰しかねない危険を冒していいのかどうか、という疑問が出てもおかしくない。

もっともぼく自身は、仮に少しぐらい輸入しても、日本の稲作はそう簡単には潰れない、と信じていますけど。

それよりも、食糧というのは人類生存に不可欠なものだし、一つの国にとっても、また地球規模で考えても、これはもっと基本的なところから、真剣にとり組まなければならない課題だと思いますね。

野坂　日本もアメリカも、そういう根本的なことを脇に置いて、目先の問題の対症療法として、政治の道具にしてしまっているところに問題がある。そこのところをきちんと整理していかないとね。

そのためにも、かんじんな生産者や消費者はどう考えているのか、ということも含めて、日本もアメリカも、お互いさま、もうちょっと物ごとをはっきりさせる必要があるでしょう。向こうは精米業者がしゃべっている、こっちは農協が受け答えしている。しかしその農協がほんとに農民の気持ちを代弁しているのかというと、ここにもいろいろ問題があるわけですからね。

米の安定供給が最重要

岸　消費者の側からいいますとね、安定供給が保障されて、しかも安くてうまくて、かつ安全であることが望ましいわけです。

野坂　いちばん重要なのは、やっぱり安定供給ですよ。安定供給がなかったら、どんなにまずくても、高くて危険なものでも食べざるを得ない。ぼくらそれを経験してわかってるわけです。

岸　いま、米問題でもう一つ大きな焦点になっている食管（食糧管理制度）も、もともとは消費者に対して主要食糧を安定的に供給することを目的としてたんですね。たまたま今日では幸い物が余るくらいあって、安定供給ということの大事さが、あまりピンとこないむきもあるんですが、この制度が発足した一九四二年は第二次世界大戦が始まった直後で、主要食糧の安定供給が何より大切な課題だったわけですね。

野坂　昔、といってもその当時までは農民であってもまだ、地主でもない限りなかなか米は食えなかった。一般の農民が米のめしが食えたのは軍隊へ入ってからですよ。

岸　米をたくさん持っている地主は、新米には手をつけず、古米を食っていた。

野坂　そう、古米のほうがうまいから。古米といっても、この場合は籾貯蔵した古米だから、新米よりずっとうまいんです。だから新米というのは差別用語として使われたんですよ。未熟な人間を「あいつは新米だ」って言うでしょう。

岸　いまは古米が敬遠されるんだけれども、これはおっしゃる通り籾貯蔵したものではないからですね。籾貯蔵だと、かさばって倉庫がたくさん要るから、その分コストが高くなる。だからいまは玄米にして貯蔵する。

だけど、本当においしい米という点では、籾貯蔵した米が断然いいわけです。ですからこれからは、うまい米を生産するということだけでなく、米の流通・保管の面も十分考えなくちゃいけませんね。

野坂　ぼくはもう一七、八年も前に、そのことを当時食糧庁長官だった檜垣徳太郎に言ったことがある。低温倉庫をつくって籾貯蔵せよって。そのためにかかる金は、当時ぼくの計算で約一五〇〇億円だった。ところが檜垣さんはそれでは金がかかり過ぎるといって、減反政策のほうへ走ってしまった。

岸　日本には三〇〇万ヘクタールの田んぼがある。これに全部稲を植えたら約一四〇〇万トンの米がとれます。これに対して消費量は年に一〇〇〇万トン強だから、当然余りますよね。だから一生懸命、二〇年近くも転作や減反やってるわけだけれども。農家の気持ちからいくと、やっぱり米を作りたいんですよね。これは農村回ってて、すごく感じられることです。

野坂　それは当然ですよ。

岸　そうすると、これはどうしても、米を余らせないために、主食以外にも使っていく方法を考えなきゃいけないんではないか。例えば家畜の飼料にすることまで含めて。

政府がいまいちばん気にしているのは三度めの過剰、つまり米が余って、売れない古米がやたらとたまってしまうことです。過去に過剰が二回出て、古くなった米を処分するのに三兆円使ってしまった。これは、安い国際価格で輸出したり、家畜の飼料原料として一〇分の一以下の価格で払い下げたり、また長いこと保管していた倉庫料だったりですが、三兆円というと一年間の農林水産省予算全体に相当する額ですから、大きいです。しかも、その金はみんな我々の税金ですからね。

野坂　ぼくはね、過剰、過剰と大騒ぎする前に、なぜもっと「米を食べよう」という運動が出てこないのかと思いますよ。

岸　いまの日本は飽食の時代で、何でも豊富にあるわけだし、特に若い世代はその中で生きて育ってきてますからね。

野坂　米でもパンでも、ファッションとしてならそんなことはどっちでもいい。しかし、本当に人間としての、生き物としての根本を踏まえて食い物とつき合うなら、そうはいかない。特に主食というのは、その国の風土と結びついて、長い歴史の時間をかけて、最も適したものが選ばれてきたわけなんですから。

食と文化の関係

岸　その意味で子供の頃の食べ物の習慣は大事だと思うんです。特に学校給食の影響なんか大きいですね。世界中で、たった四〇年くらいの間に食生活がこんなに激しく変わった国というのは、あまり例がないでしょう。米からパンへ、粒から粉へですからね。これはやっぱりアメリカの戦略の大成功ですよ。

野坂　その原料の小麦はほとんどアメリカからの輸入ですからね。

しかしこれを受け入れる下地がなかったわけではない。まず戦中・戦後、お米の代用品としてパンが普及した。食うや食わずの時代だから、トウモロコシ粉のまざったまずいパンでも食べたわけだし、とにかく飢えを満たすために雑食になってきた。敗戦後は学校給食のコッペパンが、それに一役買うことになる。

そして一九五四年、アメリカは大豊作で小麦が余って腐ってきた。これをどうするかというんで、当時のアイゼンハワー大統領が「余剰農産物処理法」をつくって、日本などへこれを押しつけてきた。その頃の日本は、もう戦後の食糧危機は脱していたんだけれども、吉田茂内閣の末期で、いろいろ政治的な思惑からそれを受け入れてしまった。

岸　そして全国でアメリカ小麦のキャンペーンが始まり、パン食普及運動が広がったんですね。

野坂　木々高太郎が「お米を食べると頭が悪くなる」なんて言い出したりしてね。（笑）そんなばかなことはないんだけれども、ただ、その後の高度経済成長の中で食生活も豊かになった結果、日本人の体格がすっかり良くなったのは確かかね。顔つきまで変わってきたもの。
　日本人は何千年も穀物食ってたからぼくなんか典型的だけど、口が前に出ちゃったわけでしょう。ところがいまは軟らかいものばかり食べる。パンとかハンバーグとかプリンとか、ちっとも歯ごたえがない。だからアゴが発達しないんです。硬いものをしっかり噛みしめてアゴを発達させないと、頭が悪くなるという、まじめな研究だってていまはあるんですよ。（笑）
　米だって昔は非常に硬く炊いて、それを噛みしめて食べた。ここが痛くなるくらい。だからここを「こめかみ」という。（笑）

岸　農家自体、食生活が非常に大きく変わってきています。「食生活改善運動」なんていうのをやって、そのせいかどうかわからないけど、米をあまり食べなくなった。いま米を食べる量の減り方が激しいのは、都会よりむしろ農村なんですよ。

野坂　合理的な食生活というなら、本来、日本人には日本食がいちばんいいわけです。米と味噌汁と納豆と沿海の魚がいちばん合っている。そうすればコレステロールもたまらないし、これなら若い人もわざわざダイエットなんてしなくてすむんです。

岸　逆にこの頃は欧米人が健康のために米を食い出した。寿司とかね。

野坂　とにかく日本的食生活というのは、この島国の中でそれなりに一つの完成されたものなんですから、これをもっと大切にしなきゃいけない。これは一つの文化なんですよ。
　ぼくらフランス料理を食べる時は、フランスの文化を食ってるんです、そのマナーも含めてね。ところがスシバーなんかで向こう側が食ってるのを見ると、あれは寿司の食い方じゃない。それでぼくはっい言いたくなるんだ。「あのね、ちょっとね」って。

やっぱり寿司を食べる時は、初めは玉子から始めて、トロから食べるんならトロを食べて、次に光り物を食べて、その次にショウガかなんかをちょっと食べて、それでお茶なんぞ飲みながらゆっくり食うもんだと。それがぼくらの寿司とのつきあい方でしょう。食い物でもつきあい方をこみにして向こうにいかなかったら、日本の文化というのはわからないですよ。

岸 それはその通りですね。

野坂 スシバーが向こうで繁昌するようになったのは、明らかに自動車のせいね。これだけいい自動車を作る人間が食ってるものだから、食べられるだろうと。

我々だってそうですよ。エスカルゴだかなんだか知らないけど、あんなデンデンムシを我々が食うようになったのは、あれがフランス料理だからですよ。フランス映画でジャン・ギャバンやアラン・ドロンが食ってるのを見て、「エスカルゴ食わなきゃ人間じゃない」と。(笑)

つまり文化と共に入ってきたわけ。日本の場合は自動車というハードな文化と共に食文化が向こうへ行った。さらにソフトなマナーがそれに伴うことによって、日本人の気持ちというものが伝わっていく。それで日本人のものの考え方も理解される。そういうことの上に、日米貿易摩擦を解決する道もまた開けてくる。

そういうふうにならなきゃいけないわけで、日本人は自分たちの食生活について、もっと自信を持つべきだと思うんですよ。

農村問題は消費者問題

岸　さっきも話に出た食管ですが、最初は足りない米をうまく分配するためにあったわけですね。ところが今日では余る状態の中で売らなきゃならないわけですから、そのためには価値観も多様化している消費者の、多様な選択にこたえられるよう、品質も値段もいろいろなくちゃいけないし、流通ルートもなるべく多様なほうがいいわけです。

ところが食管制度というのは、その成り立ちからして、そういうものを極度に制限しているので、これがかなり桎梏になってきています。ですからこれからの流れとしては、直接統制からだんだんと間接統制の方向へ変わっていくと思います。欠乏時代からゆとりの時代へ移ってきたことで、この制度自体にいろいろ無理が出てきたのは確かなのですから。

野坂　法律というのは、合わなくなれば変えればいいんです。ただ、そのためにはみんなの意見をよく聞かなきゃいけませんね。変えるなら変えるでその事情もあるでしょうし、将来に対する見通しも必要です。特に農業というのは、それにかかわる人たちそれぞれの、いろんな立場というものがありますからね。

確かに日本の農業問題というのは、一つには日本の政党が農民票をほしいあまりに、本来の農政不在のまま、農民のごきげんとりに終始して、矛盾に矛盾を重ねてきたということもある。

そういうこともはっきりさせたうえで、しかも、食管制をやめるならやめる、改めるなら改めるで、その後の弊害も出てくるだろうから、それもはっきりさせる。そのようにしてみんなで考えていくべきなんですよ。

岸　そう思いますね。改め方についての議論が十分でない。

野坂　ただし、その場合も、食糧の安定供給ということは、絶対条件として貫けるようにしてほしいですね。そこのところをいいかげんにされてしまうと、また昔の青田買いみたいなことが起こったり、商社なんかに流通まで管理されて、米の値段を高いところへ操作されたりするのはごめんですから。

岸　これからもますます変化していくきびしい国際環境や国内事情の中で、消費者が将来にわたって、何の不安もなく、安心しておいしい米を食べつづけていけるように、また生産者のほうも、安んじて米づくりに専念できるためにはどうすればいいかを、本当に真剣に考えなくちゃいけませんね。

野坂　その意味で、さっきもちょっと話に出かかったんだけれども、農協は一度原点に立ち返らなきゃだめね。いまの農協は自分の組織を維持することばかり考えて、その実態は商社であり金融機関であり、旅行業者であり不動産屋であって、本来の役割であった農民のほうへは顔が向いていない。営農指導員なんかも、まるで農林水産省の手先みたいになっちゃってます。

岸　確かに農協はいま、お米の流通量の九五パーセントを集荷する大組織となっている。その力も強大ですが、おっしゃる通り、その力や組織を利用した商社であり金融機関であるという傾向は否定できませんね。

ただ、救いは、四二〇〇余りもある農協組織の中の一部ではありますが、「農協はこのままではだめだ」という声が、内部から、特に若い層の中から出てきていることです。

野坂　内部から変わっていくというのは、時間がかかるでしょうね。しかも農業問題のいちばん難しいことは、地域によって状況や条件がものすごく違うということね。だからなかなか普遍的なものを持ってこられないんです。

となると、生産者に対して普遍性を持たせるのは何かというと、消費者なんですよ。だから消費者が変わらなきゃしようがない。農業問題は消費者問題なんです。

食管制にしたって、かつては消費者保護だったものが、いまはもっぱら生産者のほうの保護になっちゃってる。そして生産者はそれを既得権として考えちゃってる。ならば消費者が動かなければどうしようもないでしょう。消費者が考えて動くことによって農協も変わるだろうし、食管会計における矛盾も変わっていく。つまり消費者先導型です。

岸　米問題で日本に来た外国人がいつもびっくりするのは、「日本では消費者団体が農業を守れ、米の輸入はするなと言っている。こんなことは世界で他に例がないだろう」って。農家の側にとっても、自分たち以外の人間が農業を守れと言ってくれるんだから、こんなありがたいことはない。

農家はしかし、それに甘えてもたれかかるのでなく、その真意をしっかり受けとめなくちゃいけない。消費者たちは、例えば美しい田園風景といった非経済的価値まで含めて、農業を守れと言っているのですからね。

日本の稲作というものが、日本人の食糧の基本であるだけでなく、日本の文化や環境のベースでもあることを踏まえて、消費者共ども考えていく必要がある。

だからいま野坂さんが、米問題は消費者問題なのだと言われたけれど、それは同時に、そのまま生産者にはね返ってくる問題であるわけです。

野坂　日本は島国で、食い物がなくなったからといって流浪の民にもボートピープルにもなれないんだからね。昔、大陸の人は食い物がなくなると、国境を越えてどこにでも乗り込んだり、流れていったりした。ところがわがほうは島国で、ここで完結しちゃってる。限られた中で、何とか智恵を出し合ってやっていかなきゃならない。

この島国の発想は、じつはいまこそ大きな意義があるわけでね。つまり、この限られた地球に、今後人類がどう生き延びていくかという、人類最大の課題にそのままつながっていく。

岸　地球の人口は、今年ついに五〇億人に達したわけですからね。このまま人口が増えつづけると、来世紀半ばを待たずして地球規模の飢餓が訪れることもあり得るわけです。

野坂　地球で食いっぱぐれたからといって、どこか他の天体に大量移住するなんてことはあり得ないんだから。とにかくこの限られた地球上で生き延びていくことを考えなくちゃならない。

岸　ここでは、出て行きゃいいという発想は通用しませんね。食糧問題もその観点から考えていくと、それはけっして将来の問題ではない。今日すでにこの地球上には、飽食の一方で飢餓があり、その有効な解決法すら見出せないでいる状態なのですから。

野坂　まず自助努力、その上で手を貸し合うという島国の発想を、大陸に対しても自信をもって主張すべきです。食糧安定供給の基本もまず自給です。それをみんなで支えていけるように、ぼくはひたすら、農村を回っては「どうか良い米を作ってください」、町では「どうかもう一膳食べましょう」と言いつづけているのです。（笑）

（一九八七年七月二一日　東京・一ツ橋「如水会館」にて）

編著『農に人あり志あり』はじめに

（二〇〇九年、創森社）

かつて「もの言わぬ農民」という言葉があったように、農家は一般に寡黙であるとされてきた。確かに農家の多くは饒舌ではない。農業は自然を相手にする仕事だから、余計な言葉を必要としないともいえる。

しかし、一九五九年からジャーナリストとして食料と農業・農村を取材してきた私の経験では、ひとたび心を開けば農家は実によく語ってくれた。日ごろは控えめであっても、語りたいこと、語るべきことがなかったわけでは決してないのである。私にとって最良の教師は全国の農家だった。そして二一世紀の今日、農業が日本社会の少数派になったのと反比例するかのように、明確な意志と自らの論理を持って、積極的に農の意味を語り続ける農家が増えている。

たまたま二〇〇七年四月から二〇〇九年三月までの二年間にわたり、グリーンチャンネル（スカパー！とケーブルテレビで放送されている競馬と農業の専門チャンネル）の農業番組部門であるアグリネットで、農の対談番組「アグリトーク」のナビゲーターを務める機会を与えられた。九州から北海道まで一二人（一〇人と一組）の農家をお訪ねし、それぞれ数回に分けてたっぷり語り合った。まず一二人の皆さんをご紹介しよう（放送順、敬称略）。

＊

山下惣一（農業・作家、佐賀県）
宇根　豊（NPO法人農と自然の研究所代表理事、福岡県）
白石好孝（白石農園・大泉 風のがっこう経営、東京都）
奥村一則（農事組合法人サカタニ農産代表理事、富山県）
木之内均（有限会社木之内農園会長、熊本県）
山崎一之・山崎洋子（おけら牧場・ラーバンの森経営、福井県）
金子美登（有機農業の霜里農場代表、埼玉県）
三友盛行（三友牧場経営、北海道）
塩見直紀（半農半X研究所代表、京都府）
坂本多旦（みどりの風協同組合理事長、山口県）
星　寛治（有機農業者・詩人、山形県）

＊

大規模農業法人の経営者から自給型の農家まで、それぞれの分野で日本を代表する顔ぶれである。日ごろ農業や農村にあまりなじみのない読者は文中と巻末のプロフィールをご覧いただきたい。アグリネットのスタッフと私が話し合って選んだ顔ぶれだが、少しばかり私の意向が出ているとすれば、非農家出身者が四人（木之内氏、山崎ご夫妻、三友氏）含まれていることかもしれない。

それにしても期待にたがわぬ語り手がそろったものだと改めて思う。もちろん農業観は多様であり、中には意見が対立するところもあるが、共通して胸を打たれるのは食と農への思いの深さである。一二人の誰もが、いかに地域を大切にしているかも知っていただけよう。半世紀にわたって農業・農村を見守りつつ原稿を書き、放送や講演もしてきた私だが、今回ほど感動を味わいながら、しかも楽しく仕事ができたことはなかった。

テレビの対談といえば多くの場合、話題に関連する映像を随所にはさんで視聴者を惹きつけるように進められ、対談者の発言は意外に少ないものである。しかし、この番組では冒頭の対談者紹介部分を除いて正味一三分ほどの間、三ないし四台のカメラでひたすら対談者だけを映すという冒険をした。どの語り手も小細工を必要としないほど魅力的であり、紡ぎ出される言葉には重みがあった。

回を重ねるごとに、また放送後に改めてＤＶＤを見るたびに、この番組を放送だけで終わらせるのはもったいない、いや、何としても活字にして残さなくてはいけないという気持ちが募った。食の安心を求め、農の復権を願うすべての人に、現場からの肉声を届けたい。これらの人びとの言葉を、二一世紀初頭の農業・農政に対する証言としてぜひ記憶にとどめよう。そう考えて一二人の皆さんに出版のご相談をしたところ、ありがたいことに全員から快諾のお返事をいただいた。

では皆さん、一二人が語る農の言葉に耳を傾けてください。

戦後七〇年の食と農～記者の視点から描く鳥瞰図

（『日本農業の動き』一九三号、二〇一六年一一月
「戦後七〇年の食と農」農政ジャーナリストの会編集・発行）

なぜ私が、このテーマについて依頼されたかと考えてみると、二〇年ほど前に書いた『食と農の戦後史』（日本経済新聞社刊）という本が、たまたま戦後五〇年でしたので、そのご縁で、お話の機会を頂いたのだろうと思います。あれから二〇年も経ったかと思うと、感無量です。

今日の私の話は、あくまで鳥瞰図です。もっと細かく、言わば虫の目で見るには、やはり研究者にはかないません。われわれジャーナリストが出来ることは、全体を見渡して流れを知ることであり、時代の上澄みを見ていくことなのではないかと思います。

そういうつもりで、これからの私の話をお聞きいただければと思います。

まず、食と農の時代区分、つまり転換期がいつだったのかを、私なりに整理してみました。時代区分については、いろいろな研究者が提示しており、二〇〇〇（平成一二）年度食料・農業・農村白書にも記述がありましたが、食と農を対比したものとなると、なかなか私の感覚に合致したものはありませんでした。そこで、自分なりに作成してみました。かなり独断的な見方だということは、予めお断りしておきます。食に関しては六期、農に関しては五期に区切ります。

食の時代区分は、第一期が一九四五年～五四年の飢餓脱出期、第二期が一九五五年～六九年の内食充

実期、第三期が一九七〇年〜七九年の外食発展期、第四期が一九八〇年〜九〇年の飽食・グルメ期、第五期が一九九一年〜九九年の中食興隆期、そして、第六期が二〇〇〇年からの食の見直し期です。

一方、農の時代区分は、第一期が一九四五年〜五四年の食糧増産期、第二期が一九五五年〜六九年の高度成長期、第三期が一九七〇年〜八四年の過剰時代、第四期が一九八五年〜九八年のグローバル化時代、そして第五期が一九九九年からの農の再出発期です。

こうして見ると、「食」、「農」とも、初めの二期は区切りが一致しています。これは、当時は、農業が日本経済全体に対して非常に大きな影響力をもっていたことによると思われます。食糧の供給事情が、直接的に食の世界にも反映していたということです。大まかに見ると、その後、農業の比重が小さくなって、区切りの時期がだんだん一致しなくなります。

食の第一期の中でも、特に戦後すぐは、今では想像も出来ないでしょうが、飢えで人が死ぬということがあった時代です。食糧を初めとして、物資はすべて配給制で、配給券というものを持って買いに行くわけです。自由に物が買えない時代でした。そもそもモノがありませんから、配給も出来ない、つまり「欠配」という状況も、珍しくありませんでした。都市の消費者は、衣類などカネ目のものを農村へ持って行き、食糧と交換してもらわねばなりませんでした。これを、「たけのこ生活」と称しました。たけのこの皮を一枚ずつはいでいくのに例えたものです。

しかし、この時期も後半になると、農業生産が増えてきて、多少のゆとりが出来ました。その意味で飢餓からの脱出期としましたが、要するに食べるのに精一杯だったのがこの一〇年間だろうと思います。

食糧増産にむけて高まっていった意欲

私は「終戦」という言葉が嫌いで、「敗戦」だと思っています。日本人は、敗戦を「終戦」としてごまかしてきましたが、それは不幸なことだったと感じています。当時は、まさしく「敗戦」の現実に直面していたのです。

そんな状況の中で、一息つけたのが、米国の慈善団体ララ（LARA、アジア救済連盟）が食糧を提供してくれたことです。その食糧に加え、旧軍部が持っていた食糧もかき集めて、一部の学校で給食を始めたのが、敗戦翌年の一九四六年でした。その時に配られた「ララ物資」が、脱脂粉乳と缶詰です。

この時期も後半になると、豊作もあって、少し食糧の需給が緩んできました。中には配給を辞退する人も出てきます。麦は、それまで国が全量管理していたものを原則自由な間接統制にします。つまり、厳しい飢えの時代から、少しゆとりが出てきた時期です。

一方、農業ではひたすら食糧増産に励んだ時期です。敗戦の一九四五年は、水稲の作況指数が六七という史上最悪の凶作でした。これは、天候によるものだけではなく、生産の担い手である男子が戦地へ駆り出され、さらに肥料も足りないという条件下でのことでした。

この時、農家の暮らしはどうかと言うと、都市の消費者に比べればマシだったとしても、決して「左うちわ」ではありませんでした。「強権供出」という言葉が残っています。農家が生産した農産物を国に売ることを供出と言いましたが、国は、供出に協力的でないとみなした農家には警察や、時にはアメリカ軍のジープまで差し向けたのです。

さて戦後、連合国軍による占領政策の中で重要なのは、農村の民主化です。それまでは、地主が非常に大きな力を持っていて、農民の大部分は小作人でしたが、農地改革によって、地主が持っていた土地を農民に解放したわけです。それまではいくらたくさん生産しても、小作料負担が大きかったのが、収穫したものが全て自分のものになるわけですから、食糧増産の意欲が一気に高まりました。

そのように農民に意欲が出てきたところへ、品種改良や農業機械、資材などの研究開発が進み、生産が一気に増加します。朝日新聞社が一九四九年から二〇年間、「米作日本一」表彰事業をおこないましたが、日本一に輝いた二〇人の中に、一〇アール当たり一トン以上穫った人が三人もいます。現在の平均が五四〇キログラム前後ですから、当時の農家の技術と努力が、いかにすごいものであるかが分かります。そうした生産者のがんばりが、戦後の回復に大きな力になりました。

コメが豊作の一方で、国は粉食を奨励していく

戦地から男子たちが帰って来て、さらに技術の発達もあって、一九五五年のコメは大豊作になりました。作況指数が一一八という、二六年に統計が取られ始めて以来二番目に高い数字です。そのため、強制的な供出はおこなわれなくなった時期です。この豊作によって、消費者にも、少しゆとりが出来てきました。六二年は、一人当たりの米消費量がピークの時です。

一方で、国は粉食を奨励していました。まだ、コメの足りない時代の名残があったことや、栄養改善のために、ご飯よりパン食を奨励したのです。この頃、コメを食べると頭が悪くなるかのような説を流す大学の先生もいましたし、『朝日新聞』の「天声人語」でも、「コイや金魚に残飯ばかりやっていると、ブヨブヨの生き腐れみたいになる。パンくずを与えていれば元気だ」などと書いたものです。

そして、キッチンカーが登場します。これはバスに調理台が載っているようなもので、この頃から数

年間、一二台が全国を走り回り、各地で栄養指導をおこないました。そのスポンサーは、アメリカ政府から資金提供を受けたオレゴン州の小麦生産者団体でした。キッチンカーで、パンを中心にした粉食の栄養指導を受けた人たちが家庭で料理をし、食事を豊かにしようというものでした。アメリカの団体は、スポンサーになるのに一つだけ条件をつけました。それは、紹介する料理の中に必ず一品は小麦を使用した料理を含ませるというものでした。これが、その後日本が粉食に向かっていく大きなきっかけになったのです。小麦の利用が広がり、アメリカからの小麦輸入が増加するにつれ、国産麦は価格的に太刀打ち出来ず、政策的にも「安楽死」と言われる状態に陥りました。

このように、この時期は、アメリカの小麦の力も借りて内食を充実させた時期と言えるでしょう。そして、それを助けるために、様々な便利なものが出てきました。例えば、冷凍食品があります。それまでは、冷凍クジラの酷い製品を食べさせられたりして、多くの日本人には冷凍食品に対する拒否反応があったのですが、高品質な物が開発されるようになりました。また、冷凍すり身の製造技術によって、いろいろな加工食品が出来るようになりました。チキンラーメンは世界的な発明になりました。そのように、日本の台所を充実させるさまざまな製品が現れます。

五六年に公団住宅第一号が出来ました。そこにはダイニングキッチンがあり、食卓の風景を一変させました。電気炊飯器が置かれ、少し遅れて六六年には電子レンジが売り出されます。それまでは、台所と食事をする場所は別でしたから、主婦は、食事に参加することが難しかったのですが、ダイニングキッチンでは、子供たちを含め、家族が一緒の所で炊事をし、食事が出来るようになったのです。つまり、団欒の新しい形態が生まれたのだと思います。そうした家庭の食、あるいは家事労働の軽減に与えた電気炊飯器の効用は、大きいものがあります。コメが豊作になったのと同じ五五年に、東芝が発売しました。

　豊作になって、家庭の食は豊かになりましたが、農家はどうだったのでしょうか。大豊作で農家が満足できる状態になったかと言えば、そうではなくて、農家の所得は依然低いままでした。一般産業界はすでに高度経済成長期に入ろうかという時で、どんどん勤労者の所得が上がっていく時代でしたが、農家はがんばっても、他産業の成長スピードになかなか追いつけません。そこで、六一年に農業基本法が出来て、農業近代化の政策が本格化します。目標は、大きく二つありました。一つは、農業の生産性を向上させること、もう一つは、所得を上げることです。それによって「自立経営」を作ろうとしました。「自立」の基準は、年間所得で他産業従事者と均衡することでした。

　果たして、基本法の下で、農業は狙い通り発展したのか。農政ジャーナリストの会の機関誌『日本農業の動き』は、基本法制定五年後の六六年に、「行き詰まる農基法」というテーマで特集を組んでいます。たった五年で「行き詰まる」とは――後ほど改めて考えてみたいと思います。

ファミリーレストランで家族が食事をする

　一九七〇年は、「外食元年」、または「外食産業元年」と言われます。その頃に、日本の有力外食企業の多くが一号店を出店しました。七〇年にすかいらーく、ケンタッキーフライドチキン、七一年にはマクドナルド、ロイヤルホストといった具合です。そのように、一気に花開いた外食産業の特徴を考えてみると、一つはチェーン展開をしたこと、二つは同一チェーンでは店構えが同じで、メニューも共通し、さらに接客のマニュアル化がされていること、三つには、セントラルキッチン方式が採用されたこと。こうした取り組みが、アメリカの外食企業に学んでおこなわれたのです。

そうした業態とサービスは、時代に合致していました。所得が上がってきているとはいえ、一般庶民が都心の一等地に豪邸を構えるほどではなく、郊外の新興住宅地にマイホームとマイカーを持つようになります。そして、家族いっしょにファミリーレストランで食事をすることが、豊かさの一つの象徴になった時代でもありました。従って、ファミリーレストランは当初、郊外に立地することが多かったのです。

その時期の農業は、「総合農政」の時代でした。コメが余ってしまったので、七〇年から生産調整を本格実施します。七一～七四年度と七九～八三年度の二回、合計三兆円もの費用をかけて、過剰米処理をおこないました。一方、農業基本法の制定以来、需要の伸びが見込まれるものを「選択的拡大」しようということで、「畜産三倍、果樹二倍」という掛け声のもと、コメ以外の農畜産物の生産が振興されました。しかし、選択的拡大の花形だったミカンでさえ、七二年には生産調整が始まりました。

また、農地法が改正され、借地による農業経営を認めることになったのは七〇年です。農地改革以来、自作農主義を旗印としてきた農地政策にとって、大きな節目となりました。

見落としてならないのは、七一年に有機農業研究会が発足したことです。戦後、機械化を進め、農薬、化学肥料もたくさん投入して、ひたすら農業生産を上げてきた近代化路線への反省が、この頃見えてきました。しかし、当時はまだ、こうした動きに対し、行政もわれわれジャーナリズムも極めて冷淡でした。

農政審議会が日本型食生活に言及する

一九八〇年からの食については、飽食・グルメ期と名付けました。七〇年代中頃から「飽食の時代」

という言葉が使われ出したのですが、八〇年代に入ると、まさにバブル経済で、皆こぞって浮かれていた時代でした。上海まで特別機をチャーターして「満漢全席」を食べに行ったなどという話が、その頃の雰囲気をよく表しています。さすがに、そうした傾向に気がついて、農政審議会は、八〇年の答申「八〇年代の農政の基本方向」で、日本型食生活を取り上げました。「農」に関して議論する審議会で、真っ先に「食」を取り扱ったのは画期的なことでした。ただし、農林水産省が厚生省に先駆けて食生活を取り上げたのには裏があり、コメが余っているので、なんとか消費拡大を図ろうという狙いがあったのです。

この時代の農業・農政はどうだったのかを見てみます。八五年に中曽根康弘内閣が「市場開放アクションプログラム」を打ち出しました。グローバル化に関しては、どこで区切るか難しいのですが、私は、政府が積極的に市場開放を打ち出したこのタイミングを、グローバル化が始まった時と考えました。ウルグアイ・ラウンドが始まった八六年には、中曽根首相の私的諮問機関が、座長（前川春雄元日銀総裁）の名を取って「前川レポート」と呼ばれた報告を出し、農業の国際化推進を大きくアピールしました。それに呼応して、産業界などから農業への批判が相次ぎ、「農業バッシング（たたき）」と言われた頃です。

そして、国際化を図るために、それまで農産物一三品目を対象におこなってきた価格支持政策を大転換しました。その結果、八六年には一〇品目で支持価格が低下しました。残されたコメ、和牛肉、サトウキビも、翌年には支持価格が引き下げられたのです。九三年には細川護熙内閣がコメの部分開放を受け入れ、九五年には食糧管理法が廃止されます。この時期は、グローバル化という非常に大きな変化があった時期です。

九二年には農水省が「新しい食料・農業・農村政策の方向」を決定しました。略して「新政策」と呼ばれていますが、この年で時代区分をしてもいいくらい重要な政策転換です。農業基本法はあくまで農業の基本法でしたが、新政策で初めて食料・農業・農村という三つの要素を並べた概念が出てきたのです。それが、九九年の食料・農業・農村基本法に引き継がれていきます。

九一年のバブル崩壊を契機に、食の分野でも節約志向が強まり、食料消費支出は、九二年をピークに低下傾向となります。レストランなどの外食が停滞する一方、コンビニや移動販売車の持ち帰り弁当など、安くて手軽な中食が急成長しました。この傾向は、八〇年代から出て来たのですが、九〇年代はまさに興隆期と言えます。その一方で、有機野菜を使うレストランが登場したり、デパ地下が賑わうなど、安ければいいという風潮とは逆の動きが見られたのもこの時期です。

二〇〇〇年には食生活指針が閣議決定されました。島村菜津さんの『スローフードな人生!』(新潮社刊)が話題になった年でもあります。この年以降を、二一世紀には食を見直して欲しいという願望も込めて、「食の見直し期」と名付けました。〇三年に食品安全基本法、〇六年には食育基本法が施行されました。様々な食のリスクが顕在化し、「食はこのままでいいのか」という反省が、九〇年代から起こってきていた結果でした。この頃には食の「安全」と「安心」がセットで言われるようになりました。消費者にとっては、数字で示される「安全」だけでは不安は解消されず、「安心」も求める時代になったのだと思います。

農の世界では、九九年に食料・農業・農村基本法が出来ました。九二年の新政策から七年をかけて、やっと法制化されました。これ以後を、やはり願望を込めて「農の見直し期」としてみました。

新しい基本法の特徴を農業・農村に絞って見ると、一つは中山間地域への直接支払制度を導入したこと、もう一つは、「効率的かつ安定的な農業経営の育成」を掲げたことです。後者については、〇九年に政権交代が起こる前の自民党政権が、品目横断的経営安定対策を打ち出しました。それまでの農政は、基本的に全農家を対象に支援してきましたが、この対策では担い手に集中する、つまり支援対象を選別するようになりました。賛否は別として、新しい基本法の時代を象徴する政策の一つと言えるでしょう。また、〇六年に「有機農業の推進に関する法律」が出来たことも、特筆すべきことです。

農業基本法が行き詰まった要因はなにか

以上、私なりの時代区分によって、七〇年間の全体状況について駆け足でお話しました。これからは、大きく四つの論点に分けて、お話ししようと思います。

一つ目の論点は、食の外部化についてです。七〇年間の食生活の変化では、洋風化、多様化、簡便化などいろいろなキーワードが考えられますが、一つだけ選ぶとすれば、「外部化」ではないでしょうか。食事をする場、調理する場などが、どんどん家庭の外に出ていきました。食の安全・安心財団が毎年、「食の外部化率」を公表しています。外食産業の市場規模を全国の食料・飲料支出額で割ったものですが、二〇%台だった七〇年代からほぼ右肩上がりで、現在は四四%です。

その要因については、高度経済成長による所得の増加、核家族・単身世帯の増加などいくつか考えられますが、女性の社会進出も重要な一つです。社会進出が外部化を促しただけでなく、外食産業の発達で外部化が容易になったことが、女性の社会進出を助けたという両面があります。今後の高齢化社会を考えると、外部化はさらに進む方向にあるのではないかと思います。

二つ目の論点は、農業基本法はなぜ失敗したかです。一九六一年の制定から五年後には、農政ジャーナリストの会で、行き詰まっている状況を議論していたことは、先ほどお話ししました。そこでは、当時の高度成長下で、過剰な農業就業者は他産業に吸収され、農家が減少すると見込んでいました。そうして離農する農家の土地を規模拡大したい農家に集めれば労働生産性は上がり、同時に選択的拡大、すなわち需要の伸びの見込まれる農産物の生産に力を注ぐことで、自立経営農家が広範に育成され、農業と他産業の格差は解消する、と考えられていました。しかし、そうしたシナリオは早々に破綻しました。

農業の生産性が向上しなかったわけではありません。しかし、他産業の生産性ははるかに速いスピードで向上したため、格差は縮小しなかったのです。確かに農家の所得は増えましたが、それは兼業収入が増加した結果でした。農業基本法制定への方向付けをした農林漁業基本問題調査会の会長だった東畑精一氏は、後にこうした状況を振り返って、二つの反省点を挙げています。一つは、兼業化の進展で、農家の数が減らなかったこと、もう一つは、地価の上昇が想定以上だったことです。梶井功氏の言葉を借りれば「農地価格の土地価格化」によって、農地の価格が工場用地や宅地など一般の土地の価格と同様になってしまったのでした。

また、自ら志願して基本問題調査会の事務局長をつとめた小倉武一氏は、『日本経済新聞』に連載された「私の履歴書」で、調査会の答申について、次のように回顧しています。

「今にして思うと、答申には二つの大きな欠陥があった。一つは農業の国際化、具体的には農産物の輸入自由化の視点が前面に出なかったことである。（中略）もう一つは、地価の高騰に伴う農地の資産化、抱え込みに対し十分な対策を講じなかったことである。しかし、より悔やまれるのは、（中略）農工間の格差を生産性の向上によって是正を図るよりも価格支持に重きがおかれるように方向づけられたことである」

小倉氏の悔やんだ価格政策が、一九八六年になってようやく大転換したことは、先にお話しした通りです。

そうして現実との齟齬が出てきても、農業基本法は、他の法律の改正などによる語句の変更を除き、一度も改正されることなく、三八年間続きました。なぜ変えなかったのか。農林次官をつとめた中野和仁氏は、農業基本法は理念法なので、「そっとしておいても誰も困らなかった」と言っています。また、別の元高官は「在任中、農業基本法を意識して政策を考えたことはない」とまで言っていました。日本農業を変えるには農業基本法を変えなければならない、とは誰も考えなかったのです。

その点、食料・農業・農村基本法では、おおむね五年ごとに「食料・農業・農村基本計画」を策定するよう義務づけています。農業基本法で義務づけられていたのは「重要な農産物の需要及び生産の長期見通し」であり、計画とは根本的に違っています。

次に三つ目の論点は、二一世紀は「食の見直し期」になるか、ということです。この七〇年間のわが国の食の変化は、世界でも珍しいくらいだと言われています。消費支出の推移を見ると、二〇一〇年を過ぎた辺りから、魚介類を肉類が上回り、米をパンが上回るようになりました。京都大学の祖田修名誉教授は、「日本の食はこの二一～二二年のうちに『米と魚』から『パンと肉』へと歴史的転換を遂げた」と言っています。

食の乱れを国民運動で解消する？

現代の日本は非常に恵まれた時代で、内食、中食、外食を自由に使い分けでき、豪華なディナーもジャンクフードも時に応じてお好み次第、もちろん国産と外国産の選択もできます。その一方で、不安もあります。それは、食のリスクで、分ければ三つあると思われます。

第一は、いわゆる「食の乱れ」です。一九八〇年代は「飽食」でしたが、今は「崩食」、特に家庭の食が崩壊していると言われています。例えば、家族が同じテーブルについても、食べるものはバラバラという「個食」、家族が別々の時間にめいめい一人で食べる「孤食」などが問題となっています。こうした食の乱れを解消するため、食育基本法により国民運動として食育を進めているわけです。では結果はどうでしょうか。

現在、一五年度末を目標とする第二次食育推進基本計画が進行中です。その中で、具体的な数値目標を掲げている項目が一一ありますが、例えば「食育に関心を持っている国民の割合」は、計画を作った時より高まるどころか下がっているという具合で、とうてい満足できるものではありません。

六〇年以降に生まれた主婦たちを対象に食事の調査を続けてきた岩村暢子さんは、〇三年の著書『変わる家族変わる食卓』（勁草書房刊）で、食べることに関心のない主婦が増えていると分析しています。例えば、食費は削ってもディズニーランドへ行きたいと考える主婦が増えているというのです。これには若い世代の研究者から反論も出されていますが、いずれにしても、価値観が多様化していることの表れでしょう。そうした環境だからこそ、食育が必要とされるのだと思います。

第二のリスクは、食と農の距離の拡大です。生産者と消費者の距離が離れ、その途中には流通や加工など多くの過程があります。特に、輸入品では顕著です。そうした距離の拡大が、消費者の不安の原因になっていることは以前から言われています。冷凍食品や輸入食品の消費は増えており、その一方で、農薬残留や異物の混入などの事故や、食品の「偽装」事件も起こり、消費者の不安は尽きません。

リスクの第三としては、食料自給率の低さを挙げたいのです。中国、インドなど巨大な人口を持つ国々がさらに経済力をつけてきたとき、日本は対抗して食料を調達できるのか、ということです。すでに水産物の国際市場では、日本の業者が「買い負け」するようなことも起きています。今後、見落としてはならない問題の一つだと思います。

最後に論点の四つ目として、二一世紀は「農の再出発期」になるか、という問題提起をしたいと思います。農業基本法では、年間所得での他産業従事者との均衡を目標としていましたが、食料・農業・農村基本法が目標とする「効率的かつ安定的な経営」は、生涯所得と年間労働時間で他産業並みを目指しています。では、そのような経営を担うべき農業従事者の数はどうなるのか。高橋正郎日本大学名誉教授が基幹的農業従事者数の予測をおこなっています。それによると、二〇一〇年に五二・七万人だったものが、二〇二〇年には半減の二六・四万人、三〇年には四分の一に近い一四・五万人に減るとしています。それほどまで減ってしまうかもしれないという環境の中で、日本は農業を立て直していかなければならないわけです。

食料・農業・農村基本法は「農業の持続的発展」を謳っています。「持続」は二一世紀の最も重要なキーワードの一つであろうと思いますが、そのために新しい基本法は、二正面作戦を打ち出しました。一つは、効率的かつ安定的な経営が農業生産の相当部分を担うということです。それによって生産性が向上し、国際競争力を持つようになるという、市場原理を基にした考え方です。しかしその一方で、多面的機能・自然循環機能を重視するとも言っています。果たしてグローバリゼーションの進展と多面的機能・自然循環機能が共存できるかどうかが問われることになります。

国力の源泉は、やはり人口ですが、今後、人口が減り続け、さらに高齢化が進むと、食料に回るオカネはどうなるのか。農林水産政策研究所の推計によると、二〇一〇年を一〇〇として二〇五〇年を見通した場合、一人当たりの食料支出金額は一一七に増えるものの、人口が七五に減るため、食料支出総額も八八に減少します。これをどう考えるか。パイが小さくなり、農産物の完全自由化が進む中で、農業を立て直していくにはどうするか、ということです。

（『ミュージカルへのまわり道』二〇一七年「解説」ふるさときゃらばん出版する会編集・農文協刊）

石塚克彦さんの遺したもの

一九九〇年五月、石塚克彦さんは都内で開かれた農政ジャーナリストの会の総会に招かれて講演した。「ムラは3・3・7拍子」の日本一周キャラバンが東京に到達し、大評判を取った翌年のことで、テーマは「農村ミュージカルに見る農民の本音と建前」だった。

農政ジャーナリストの会は農林水産業を取材するジャーナリストたちの自主的な研究組織である。年に十数回の研究会を開き、その成果を季刊『日本農業の動き』として刊行する。石塚さんの講演記録もその第九三号に残っている。

ふるさときゃらばんはそれまでも『朝日新聞』の「天声人語」をはじめ各紙の一面コラムで取り上げられてはいたが、「ムラは3・3・7拍子」の東京公演の成功は言わば決定打だった。講演そのものが面白かっただけでなく、下座バンドの演奏までサービスしていただき、農政ジャーナリストの中にも多くのファンを獲得した。私もその一人である。

あれから四半世紀余り、たまたま昨年八月に三越劇場で「瓶ケ森の河童（かめがもりのしばてん）」を観た折、ひらつか順子さんから石塚さん遺稿集の出版企画のことをうかがった。ほどなく、劇団の季刊誌に連載された「ＭＵＳＩＣＡＬへのまわり道」のコピーが送られて来た。一気に読んで、石塚ワールドを理解するのに欠かせない一冊が出来ると確信した。

石塚さんが遺したことはいろいろあるが、何と言っても最大の功績はミュージカルに新境地を切り拓いたことだろう。ミュージカルと言えば多くの人は直ちにブロードウェイを思い浮かべるに違いない。華やかで、おしゃれで、都会的な音楽劇というのが一般的な姿である。しかし石塚さんは『民俗学で言うところの地芝居現代版をやりたくて、『ふるさときゃらばん』などという変な名前の劇団をつくった」「現代の地芝居がやりたくて、ミュージカルの地方公演を続けている」と書いている。

地芝居とは「地方の人たちがその土地の祭礼などに演じる素人芝居」（三省堂『大辞林』）である。ふるきゃらはもちろん「地方の人たち」でもなければ「素人」でもないが、石塚さんが舞台づくりで目指したのは「祭りと芝居が不可分に解け合っている地芝居」の楽しさだった。

ふるきゃらの地方公演でも似たような現象が起きると石塚さんは言う。公演を受け入れると決めた地元の主催者たちが「ムラ中・街中を走り廻る中で、公演の取り組み方や、芝居の内容が知れわたり、主催者の熱気が地域中に伝わり、人々が会場に集まり、開演前に劇場が高揚しているようなときである。それはもうお祭り状態にある」。

そう言えば、私の故郷（岐阜県）でも昔は青年団が毎年、歌舞伎を上演した。その日は集落全体が心地よい興奮状態にあったことを思い出す。かつて日本中のムラで見られた地芝居を、石塚さんはミュージカルという手法で再現しようとしたのである。

現代版地芝居が形を成すまでには、劇団の制作部と石塚さん自身の長期にわたる現地取材がある。それも単に情報を集めるというだけではない。石塚さんには「脚本を書くとき、自分の考え方やイメージを打ち砕いてくれる現実や人間に出会うまでは書かないという習癖（?）がある」。

ジャーナリストである私には、この言葉の意味するところが身にしみて分かる。私たちも現地取材の際は事前にできるだけ多くの情報を収集する。当然、取材先について一定のイメージが描けるようになる。しかし、現地に入って取材する喜びは、そのイメージを超える何かを見つけた時にこそ大きい。またそうであって初めて、一歩抜きん出た原稿が書けるのである。石塚さんにとって「考え方やイメージを打ち砕いてくれる現実」とは、例えば山形のサクランボ農家のド派手な結婚式（「ザ・結婚」）であり、ルイジアナの農家のコメに対する熱い想い（「LABOR OF LOVE」）だった。

舞台以外の場における石塚さんについても触れておきたい。それは「刊行にあたって」でひらつか順子さんも書いておられる「棚田への猛烈な肩入れ」である。棚田研究の第一人者である中島峰広氏は石塚さんを、アメリカの地理学者G・T・トレワーサや作家の司馬遼太郎らと並んで「棚田に価値を与えた人」と賞賛し、農林水産省在籍中に早くから棚田の価値に着目していた篠原孝氏は「棚田は石塚さんという絶好の人物と巡り合った」と振り返っている。

先ごろ亡くなった羽田孜元首相が熱心なふるきゃら応援団員であったことはよく知られている。石塚さんはその羽田氏が大蔵大臣だった時に棚田支援の必要性を訴え、ついに一九九五年、棚田のある自治体のトップを高知県梼原(ゆすはら)町に集めて「棚田（千枚田）サミット」を開くまでに漕ぎ着けた。

棚田に寄せる石塚さんの思いはサミットにとどまらなかった。棚田に関係する学者、団体などに働きかけて、九九年に棚田学会を設立した。石塚さんは副会長をつとめ、ふるきゃらが事務局を受け持った。

棚田学会のユニークなところは、学術的研究のための組織にとどまらないことである。棚田に関心を持つ広範な人々の参加を得て、研究の成果が現実に棚田の保全に結びつくことを目的に掲げている。毎年の総会では学会賞を贈るが、その対象は「棚田の保全活動、調査研究、著作等を通じて棚田の保全に資する顕著な業績をあげた個人又は団体」である。大山千枚田保存会（千葉県鴨川市）、石部地区棚田保全推進委員会（静岡県松崎町）を皮切りに、毎年、地域で地道な活動を積み重ねているグループが受賞している。

カメラマンの英伸三氏から「放っといたら棚田なくなっちゃうよ！」とハッパをかけられて以来、棚田の危機を訴え続けた石塚さんの遺志は、こういう形でも受け継がれている。

8

自分史断章

夢まぼろしの四年半

（『Kishy.com』Kishy.com 編集部、二〇〇二年三月
愛媛大学農学部資源・環境政策学コース）

愛媛大学に採用されたのが一九九七年の九月一六日でしたから、ちょうど四年半在籍したことになります。文字通り、あっという間でしたね。

その年の一月に日本経済新聞社を定年になり、友人たちの前で「今後はフリーのジャーナリストとしてやっていく」と宣言したのでした。ところが、それから何日もたたない夜、昨年退官された中川聰七郎先生が電話を掛けてこられ、愛大（あいだい）へ来いというお話です。青天の霹靂（へきれき）とはこのこと。「私、国立大学の出身でもなければ、農学部卒でもありません。短大で二年間、非常勤講師をしただけで、教育経験もほとんどゼロ。もちろん学位も持ってませんし……」などと、とまどっているうちに話が進み、意外にも採用が決定しました。愛媛大学農学部が大学育ちの研究者でない社会人を採用した第一号が農林水産省におられた中川先生、二人目が私です。

あいつを愛大へ呼ぶか、ということになったきっかけは、もしかしたら私が『食と農の戦後史』（日本経済新聞社刊）という本を書いたことかも知れません。会社の定年を控え、記者生活の締めくくりとして書いたあの本が、何かの折にお目にとまったのでしょうか。

言ってみれば農業記者としての卒業論文でした。私は一九五九年（昭和三四年）秋に日本経済新聞社に就職し、新聞記者になったのですが、最初に担当したのが農林水産省でした（当時はまだ農林省とい

う名称でしたが）。その後、二度目の肺結核で長いこと入院したことで、開き直って農業記者に徹しようとハラを固めました。一時、農林水産業以外の分野を担当したこともありますが、自分には農業記者の道しかないと決めていますから、その間も農業の勉強は続けていたのです。

そういうわけで、三七年間の記者生活の大部分を農林水産業と付き合ってきました。要するに骨の髄まで農業記者なのです。『食と農の戦後史』を書こうと思い立った頃からは、食べ物の生産から消費までの全体を書くという意味で「食べ物記者」と自称していましたが。

農業記者というのは、農村の現場へ行かなくては商売になりません。他の分野の記者とはそこが違うのですね。その結果、私にとって最大の財産は、全国至るところに知り合いの農家がいることです。

農家取材の経験から、参考までに「良い農家の見分け方」を教えましょうか。取材に行くと、普通はご主人が話をされます。ほどなく奥さんがお茶を出して下さる。注目点はその後です。お茶を出して下さった奥さんが、そのまま引っ込んでしまわず、ご主人の隣に座っていて、話に相槌を打ったり、時々はご主人に代わって話して下さる。そういう農家はまず間違いなくしっかりした農家です。これは自信を持って言えますね。もっともその逆、つまり奥さんが引っ込むのは良くない農家である、という公式は成り立ちませんが。

長野県の稲作農家、清水幸三・照子夫妻とか、一昨年、愛大で二日間の特別講義をしてもらった福井県の肉牛農家、山崎一之・洋子夫妻、地元でいえば八幡浜（愛媛県）のミカン農家、矢野源一郎・洋子夫妻など、すばらしいカップルをたくさん知っています。農業は男一人でやっているわけではない。夫婦が一体となって働いてこそ農家です。そこに農業ならではの喜び、充実感があるのだと、つくづく思いますね。

大学というところは研究と教育の場です。しかし私は愛大へ来た時に、研究ではなく教育に徹しようと思い定めていました。なぜかと言えば、研究には通常、長い長い時間がかかります。新聞記者時代に数多くの研究者たちと接していたことから、二〇年、三〇年と一つのテーマで研究をしてきた人たちに、社会人の私が逆立ちしたって追いつけるものではないと十分に分かっていました。研究者としての私はしょせん半端な存在でしかない。その点、教育に関してなら、社会人としての蓄積がいくらかは役に立つかもしれない。そう考えたわけです。

四年半たって思うのですが、教育とは結局、「自分の全人格をもって学生と向き合うこと」ではないでしょうか。それは単に知識を切り売りすることではない。研究室で話し込む。廊下ですれ違って「調子はどうだい」と声をかける。コンパで飲みながら意見をたたかわせる。そうした日常の全てをひっくるめたものが教育なのではないか。その折々に、いつも学生と同じ目線で真正面から対峙する。「全人格で向き合う」とはそういう意味です。

それにしても、迷い迷いの四年半でした。私の授業を受けて下さった皆さんはご存じのように、毎回、授業が終わると感想や質問、注文を書いてもらいました。次の回はそれらについて答えることから授業を始めます。予定された段取り通りに進行するのでなく、いわば対話を繰り返しながら双方向型で進んでいく授業。こうした手法を私なりに「ローリング方式」と呼んでいるのですが、しろうと教官の私には皆さんの書いてくれたことが実に役立ちましたね。

忘れられない思い出があります。愛大での初講義は「食料経済学」でしたが、終わって感想を書いてもらったところ、ある学生が「堅苦しい授業だなあ」みたいなことを記していたのです。何しろ初体験ですから、何冊もの本を読み、念入りにテキスト作りをしました。それなりに自信を持って臨んだ初講義だったのですが、その学生はそれが借り物であることを鋭く見抜いていたのでしょう。ハッと目覚めた思いでした。やはり自分自身の言葉で語らなくてはいけない。そうと悟ったら肩の力が抜けたようになり、次回からはいくらか親しみやすい授業ができたように思います。

授業全体を通して、私は学生諸君に何を伝えたかったのだろうか、と今になって考えます。詰まるところ、それは「いのち」ということではなかったか。農業は土や太陽や水の力を借りて生命を再生産する営みです。よく言われるように、人間は自分だけでは木の葉一枚も造り出すことが出来ない。いわば動植物のいのちをかすめ取って生きているわけです。私たちは自然の大いなる力の前に謙虚でなくてはいけないと思うのです。

昨年、白石雅也農学部長と伊藤代次郎先生のご好意で、農学部キャンパス内に農園を開設しました。「楽生農園」と名付け、教官は中道仁美先生と私、学生は一〇人がメンバーになっています。きっかけはある学生から要望があったことですが、私が直ちに賛成したのは、政策学コースの学生は（教官もですが）日ごろ農作業などをする機会がなく、そもそも野外に出ること自体が少ないので、下手をすると頭でっかちになってしまう、という懸念を持っているからです。収穫の喜びもさることながら、土を割って芽が出る時のあの感動を、できるだけ多くの学生に味わってほしい。そう願っています。農家でアルバイトをしている学生はけっこういますが、キャンパス内に農園があれば、いつでも気軽に立ち寄れる。そこが楽生農園のいいところです。あなたも参加しませんか？

先ほど、全人格で学生と向き合う、などと口幅ったいことを言いましたが、では学生諸君には四年間の大学生活で最低限何をしてほしいのか。その一つは本物の友だちを作ること、もう一つは「自分は何をしたいか」を模索することではないか、と思っており、機会あるごとにそう言ってきました。

メル友はたくさんいても、いつまでも付き合える真の友人が何人いるかが肝心です。日本経済新聞に「交遊抄」という欄がありますが、あれを読んでいると、学生時代の友人がいかに大事かがよく分かります。

「自分は何をしたいか」を模索すると言いましたが、しかし、こいつは相当な難問です。わざわざ「模索」という言葉を使ったように、実際には、大学を出るとき自分の目標が明確になっている人はたいへん幸福だと言わなくてはなりません。大部分の人は、確固たる羅針盤なしに社会の海へ船出するのが実状でしょう。

人生とは詰まるところ、自分を求めての旅ではないのか。高齢者と呼ばれる年齢になった私自身、いまだにその旅を続けているのだと感じます。大学の四年間はせめてそのための模索の出発点でありたい。

「あと五年ぐらい愛媛大学にいることになったら、何をしたいか」。編集者からこう聞かれましてね。意表をつかれた感じで、一瞬、答えに詰まりました。私は四年半という限られた時間を前提に愛大へ来ましたから。でも私なりに、あるイメージがなくはないのです。

仮に五年の猶予期間を与えられたら、計画を立てて県下の全市町村を回りますね。四年半でいちばん心残りなのは、七〇市町村のごく一部しか足を踏み入れられなかったことです。地域に根を下ろす大学の役割は研究成果と人材を地域に供給することです。まず現地を知らなくては、我々の目標とする「地域に貢献する大学」「開かれた大学」にはほど遠い。

こちらから出かけていくだけでなく、学外の人たちが気軽に出入りできる大学にしたい。農学部の中でもとりわけ政策学コースにとっては、地域とのコミュニケーション、つまり人と情報の交流が生命線だと思うからです。政策学コースはこれまでも、学外の方々を対象に「エヒメ農研」という学習・交流の場を設けていますが、もっと日常的な交流はできないものか。

　地域とのコミュニケーションだけでなく、コース内のコミュニケーションを強めることが必要です。今の政策学コースは研究室などが六階と五階に分かれています。五階にいる私なんか、六階の先生方や学生諸君と何日も会わない、といったことが常態化しています。しかし教官たるもの、自分の研究室のことさえ心得ていればそれでいいというものではないはず。できればコース全体が一フロアであってほしいのです。

　ついでに私の描く理想の研究室配置をお話ししてみましょうか。中央部に大きな円形のホールがあり、各研究室はそれを取り巻く形で配置されます。ホールには大小のテーブルが置かれ、教官や学生はもちろん、学外から訪れた人たちも混じってあちこちで議論し、談笑している。ホールからは研究室に教官がいるかいないかが一目で分かるので、学生や外来者は必要に応じていつでも希望する教官の部屋をノックできる。「開かれた大学」からさらに進んで「開かれた研究室」へ、です。大学の実態からは、しょせん夢物語と笑われるでしょうが。

（注）出典のKishy.com編集部は資源・環境政策学コースの学生たちが自発的に集まって作ったもの。

（財）日本農業研究所創立七〇周年に当たって

（『農業研究』第二五号、二〇一二年一二月、日本農業研究所）

財団法人日本農業研究所は本年八月で創立七〇周年を迎えた。第二次世界大戦のさなか、石黒忠篤によって種を播かれた一研究機関が、人間の一生にも匹敵する歳月を刻んできた。私たちは先人たちのたゆまぬ努力に敬意と謝意を表しつつ、それを引き継ぐ者として、志を新たに前進しなくてはならない。七〇年という節目に当たり、当研究所の現状を手短に紹介したい。

創立時の当研究所はアジアの盟主たらんとする国策を反映して「財団法人東亜農業研究所」と称した。敗戦直後に名称を「東亜」から「日本」と改め、以来今日まで、純民間の農業専門研究機関として独自の地位を保ってきた。

事業内容は時代とともに少しずつ変わってきたが、農業・農村に関する調査研究を通じて社会に貢献するという基本姿勢は一貫している。参考までに創立時と現在の寄附行為で研究所の「目的」を対比すると、以下のようになっている。

創立時「本所ハ皇国ヲ中心トシ広ク東亜ニ於ケル農業及農村ニ関シ共栄圏確立上必要ナル調査研究ヲ為スト共ニ其ノ応用ヲ図リ国本ノ培養及文化ノ進展ニ貢献スルヲ以テ目的トス」（第二条）

現在「本所は、農業及び農学に関し必要な調査研究及び表彰を行うとともに、その応用普及を図り、

もって学術及び国民経済の発展に貢献することを目的とする。」（第三条）

ここに掲げた目的の達成に向け、当研究所は基本財産等の運用益、事務所・会議室賃貸収入、実験農場生産物販売収入を主たる収入源として、東京都千代田区の本部（日本農業研究会館）と茨城県つくば市の実験農場において、次の事業を行っている。かつては国の調査研究補助事業を受託することもあったが、現在は応募していない。

研究員の個人研究
外部の研究者を含む研究会方式による研究
人文・社会科学系若手研究者への助成
日本農業研究所賞の選考・授与
実験農場の運営
講演会の開催
各種刊行物の出版
ホームページ http://www.nohken.or.jp/ の運営
事務所・会議室の賃貸

個人研究は各研究員が毎年度、それぞれの問題意識により自由にテーマを設定して行うもので、その成果は当研究所の年報である『農業研究』に掲載される。『農業研究』の内容はホームページ上で一九八八年の第一号から二〇号までが目次のみ、それ以後は全文をＰＤＦで読むことができる。

研究会方式による研究は二〜三年間をメドに、当研究所の研究員が主査となってテーマを設定し、外部の研究者数名の参加を得て、年に数回の研究会を開催するものである。研究会終了後、その成果を『日本農業研究シリーズ』として刊行する。同シリーズはこれまでに一八号まで刊行され、そのうち一六〜一八号は全文がＰＤＦの形でホームページにも掲載されている。

また最近は研究会開催のたびに概要をホームページで速報している。現在は「食品産業のアジアへの国際的展開」及び「農業者所得補償制度を中心とする農政の展開・検証と国際交渉の帰趨」の両研究会が進行中である。

人文・社会科学系の若手研究者を対象とする研究助成事業は二〇〇七年度に創設したもので、本年度までに一三名の有望な研究者に助成を行った。二〇〇八年度からはその成果を『農業研究』に収録している。

農業に関して学術研究上顕著な業績をあげ、農学の発展に多大の貢献をした方々の顕彰を目的として一九八五年度に創設した日本農業研究所賞は、二〇一一年度で二五回に達した。賞金額は一件につき一〇〇万円である。第一〜四回は毎年、五回目以降は隔年に授賞しており、これまでに合計六七件、七三名となっている。

実験農場では酪農や肉牛肥育の経営実験を行う一方、国などの助成によりダチョウ飼育、環境保全型農業などの研究を手がけてきた。補助事業の受け入れがなくなった現在は、粗飼料一〇〇％自給の肉用牛繁殖経営に関する研究を行っている。

話題性に富んだ講師で好評を得ている講演会は、一九八七年に初めて開催して以来、六九回を数えた。講演内容は質疑を含め『講演会記録』として随時刊行しているほか、第六〇回以降はホームページにもＰＤＦを掲載している。

これらの事業の実施に当たる職員は二〇一二年三月末現在、本部八名、実験農場四名、計一二名である。なお役員では専務理事が研究員を兼ねて常勤している。本部には図書室を持ち、蔵書は約二万二五〇〇冊である。

慶賀すべき七〇周年とはいえ、当研究所の歩みは決して順風満帆だったわけではない。二〇年前の一九九二年、当研究所は創立五〇周年を記念して『日本農業研究所五〇年史』『日本農政五〇年史』『日本農業技術五〇年史』の三部作を世に送った。二〇年たった今日、ますます資料的価値を高める力作だが、当時の斎藤誠理事長は『日本農業研究所五〇年史』冒頭の「刊行にあたって」で、激動の半世紀を回顧しつつ、「一民間の財団としての存続は浮沈消長を免れないところであった」「(当研究所の) 存立の使命を果すため、関係者の並々ならぬ苦難と研鑽を重ねた歴史でもあった」と述べている。

創立からわずか三年後の敗戦とその後の経済的混乱、あるいは一九七三年の石油危機などに起因する研究所財政の窮迫を、そのたびごとに管理者・研究者一同の創意工夫でしのいで迎えた五〇周年であった。現在の研究所本部と実験農場も、一九六三年から六四年にかけて、経営再建策として杉並区浜田山にあった旧研究所と北多摩郡久留米村、保谷町にまたがる農場を売却して移転したものである。

一九九二年と言えばバブル経済崩壊の翌年に当たる。それから今日に至る二〇年間は、「失われた二〇年」と言われる経済の長期低迷期とぴったり重なる。当研究所は基本財産等の資産を運用しているが、超低金利時代にあって運用収入は限られている。窮屈な経営の中で研究機関としての使命を果たすべく、私たちはさらに模索を続けなくてはならない。

去る九月末、当研究所は内閣総理大臣に公益財団法人としての認定を申請した。順調であれば二〇一三年四月から公益財団法人として再出発することになる。認定後の定款 (案) では研究所の「目的」を以下のように定めている。
「研究所は、農業及び農村に関し、必要な調査研究を行うとともに、その成果を普及することにより、学術及び国民経済の発展に貢献することを目的とする。」（第三条）
具体的には次のような事業を行う。
（1）農業及び農村に関する調査研究
（2）農業及び農村に関する調査研究の成果の普及
（3）農業及び農村に関する調査研究の助成
（4）農業及び農村に関する学術研究上の顕著な貢献をした者の表彰
（5）不動産の貸付け
（6）その他研究所の目的を達成するために必要な事業
研究機関である以上、公益的性格を持つことは当然であり、公益財団法人化したからといって事業内容が大きく変化するわけではない。困難な状況下ではあるが、七〇年の歴史に恥じないよう一層の努力を求められることになる。関係各位にも更なるお力添えを賜りたい。

次代の農業経営者を育てる

（『明日の食品産業』二〇一二年一一月号「ひとこと」食品産業センター）

去る二月一日、「アグリフューチャージャパン」という名の一般社団法人（略称ＡＦＪ）が設立された。定款第三条によれば、ＡＦＪの目的は次の通りである。

「当法人は、農・産・学・官の協働により、次世代の日本農業や地域社会を担う農業経営者を育成するとともに、『食』と『農』、『農業界』と『産業界』の国内外のネットワークの構築を通じた新たな価値の創造により、日本の農業・農村及び地域社会に活力をもたらし、安全安心な食の確保を図り、もってわが国の社会・経済の持続的な発展の礎となることを目的とする。」

ＡＦＪの理事長にはニチレイ会長の浦野光人氏、副理事長にはＮＰＯ法人全国有機農業推進協議会理事長で霜里農場代表の金子美登氏が就任した。産業界からの理事は浦野氏のほか、飯島延浩・山崎製パン社長、江戸龍太郎・ヱスビー食品会長、川野幸夫・ヤオコー会長、田代正美・バロー社長（五〇音順）である。

会員には全国農協中央会、公益社団法人日本農業法人協会などの農業団体と並んで、約二〇〇社の企業が名を連ねた。正会員は食品関連企業が中心だが、賛助会員には八大商社をはじめ、直接には農業と関係のない企業も数多く加わっている。言ってみればオールジャパンの農業応援団が結成されたのである。

農業界と企業の間では、例えばＴＰＰ（環太平洋パートナーシップ）協定問題などで厳しく意見が対立することもある。それにもかかわらず、二〇〇社もの企業が「農業の人材育成」という点で一致し、業種を超えてＡＦＪに参加した。それは「日本農業に頑張ってほしい」という期待の表れであると同時に、「もっとしっかりしてくれなくては困る」という叱正の気持ちの反映でもあると私は受け止めている。

ＡＦＪは人材育成と農業経営に関わる各種の事業を計画しているが、中核となるのは「日本農業経営大学校」の企画・運営である。私は理事の一人として校長を仰せつかった。大学校は農業経営者を目指す青年の高度な教育機関として、来年四月、東京に開校する。一九歳から四〇歳までの青年を対象に、一学年二〇名を二年間、全寮制で教育する。学校教育法に基づく学校ではなく、組織の性格からは松下政経塾などと同様の「私塾」である。もっとも私たちは政治家の卵の育成には関心がない。あくまで日本農業の明日を担う農業経営者を育てるのであり、就農を前提として学生を受け入れる。

日本農業が抱える最大の悩みは担い手の減少と高齢化の同時進行、言い換えれば若い人の就農が少ないことである。農林水産省によると、日本農業が将来にわたって持続するのに必要な農業者は約九〇万人と試算される。二〇～六五歳を安定的な労働人口とすると、四五年で世代が一巡することになり、年に二万人が新規に就農しなくてはならない。現実はどうかと言えば、三九歳以下で就農する青年は年間一万四五〇〇人から多い年で一万五〇〇〇人というのが近年の実績である。しかも、彼らの全員が農業を長く継続できるわけではなく、定着するのは一万人程度にとどまる。二万人達成のためにはこれを倍増させなくてはならないわけである。

年間二万人の若い就農者を確保するために、農水省は今年度予算で「青年就農給付金」という新規事業を用意した。原則四五歳未満でこれから農業経営を始める人（経営開始型）には年額一五〇万円を最長五年間、就農のため研修を受ける人（就農準備型）には同額を最長二年間、それぞれ支給する。類似の制度としてフランスには一九七三年から「青年就農交付金」があり、着実な成果をあげていることが伝えられているが、日本では農政始まって以来の施策である。予算では八二〇〇人分を用意したが、農業関係者の間ではかねがね待望されていた事業だけに人気は高く、補正予算を要望する声が多い。

始まったばかりのこの事業がどこまで成果をあげるかは未知数だが、仮に年間二万人の青年就農者が定着したとしても、それで日本農業の将来が安心できるかと言えば、決してそうではない。これからは農業者の数以上に質が問題になる。押し寄せるグローバル化の波を乗り切り、農政が鳴り物入りで進めつつある六次産業化にもしっかり対応するには、規模の大小を問わず、経営者としての高度な能力を備えることが不可欠になる。私たちが新しい大学校の命名に当たって「経営」という言葉を入れたのはそのためである。

私たちは育成すべき人材像を「農業経営者」「リーダー」「イノベーター」「コーディネーター」の四語で表してみた。経営者として優れていなくてはならないのは当然だが、農業の特性からして、単に自己の経営を確立すればそれでよいというものではない。北海道には北海道の風土に合った農業があり、九州には九州ならではの農業があるように、農業は本来的に地域を離れてはあり得ないから、農業経営者は同時に農村地域のリーダーでもあってほしい。そのような農業者は、既存の価値観にとらわれないイノベーターであるだろうし、農業と他産業の垣根を越えた食と農のコーディネーターでもあるだろう。

二年間の教育を通じて、私たちは「経営力」「農業力」「社会力」及び「人間力」を育むことにしている。経営力については説明の必要もないだろう。日本の農業教育でこれまで最も不足していたのはこの部分であり、「農業のＭＢＡ（経営学修士）」と呼べるような人材を育成しなくてはならない。

農業力については、私たちは作物栽培や家畜飼養のエキスパートを養成しようとは考えていない。農業技術は地域の風土と密接な関係がある。そうした技術に関しては、四二の道府県立農業大学校が長年にわたって教育実績を蓄えている。だいいち、東京にできる私たちの大学校には自前の農場がない。全国の農業法人などと連携して実地研修は行うが、それは何よりも経営者としての判断力を養うためである。分かりやすい例をあげれば、一枚の畑があるとして、そこにトマトを作るかキュウリを育てるか、野菜ではなく果樹を植えるべきか、あるいは畑を転換して畜舎を建てるのがいいか、それを判断するための知識・能力を私たちは農業力と呼ぶ。

社会力とは、世界から集落に至るさまざまな社会の動きに的確に対応し、時にはそれを変えていく力を指す。そして最後に人間力とは、厳しい倫理観や確固たる使命感を備え、「あの人なら」と地域から認められるようなリーダーとしての資質である。

授業は大きく講義・演習と現地実習に分かれる。詳細は省くが、売り物の一つとして二年次に三カ月かけて行う企業への派遣実習がある。例えば学生がスーパーマーケットの店頭に立ち、農産物や加工品を売ってみるという経験をさせたい。それによって、彼らは自分たちの生産するものがどのような形で、どんな価格を付けて販売され、消費者はどんな反応を示すか、流通企業は何を基準に産地を選ぶか、といったことを、身をもって学ぶことが出来よう。せっかく二〇〇社もの企業が会員になって下さったのだから、教育に当たっても企業の現場での実習を盛りだくさんに用意したいと考えている。

教員はＡＦＪが採用した数人を除き非常勤で、授業の時だけ講師に来ていただくことになるが、その顔ぶれにはいささか自信を持っている。どの大学にしろ、学生が講義を聴けるのは通常、その大学の教員だけである。東京大学の学生は原則として東大の先生の授業しか受けられない。しかし、私たちの大学校では日本中から、所属と関係なく、必要な講義に応じて選り抜きの講師を招くことができる。これまでに、東京のいわゆる有名大学はもちろん、西は九州大学（福岡県）から東は筑波大学や茨城大学（ともに茨城県）に至る多数の大学から、多彩な講師を迎えることが決まっている。

大学や研究機関だけでなく、農業界ではＡＦＪの正会員である日本農業法人協会と連携し、日本を代表する農業経営者たちに講師をお願いする。産業界では浦野ＡＦＪ理事長はもちろん、茂木友三郎・キッコーマン名誉会長、佐野泰三・カゴメ常務執行役員、姜明子・オレンジページ常務、大塚明・日本スーパーマーケット協会専務理事らの登壇が固まっている。松下政経塾の古山和宏塾頭や元農林水産事務次官の小林芳雄氏にも講師就任を快諾していただいた。こうした方々の講義を受けられるのは、校長の私にとっても大いに楽しみである。

各地へ大学校の説明にうかがうと、「一学年二〇人は少なすぎないか？」という質問をよく受ける。しかし教育という事業は二年や三年で答えを求めるべきものではない。二〇人も一〇年たてば二〇〇人、二〇年では四〇〇人となる。彼らがめいめい地域をリードする農業経営者となり、全国に同窓生のネットワークができれば、日本農業を変える力になるだろう……。ちょっと気が早いが私の夢である。

東京に作る農業経営大学校

（『農林金融』二〇一二年一二月号「談話室」
農林中金総合研究所編集、農林中央金庫刊）

某氏が勤務先へ訪ねて来られ、「東京に農業者の高等教育機関を作る。ついては校長になってほしい」とご依頼を受けたのは、ちょうど一年前の一一月だった。青天の霹靂とはこのこと。あと二か月で七五歳、後期高齢者の仲間入りをしようという時である。とかく安請け合いするクセのある私も、今度ばかりは考え込んだ。二週間もお待たせしてしまったが、一九五九年以来、新聞社、大学、研究所の勤務を通じ、ほとんど農業問題ひと筋に歩いてきた者として、人生の最終局面で何かしら世の中のお役に立てればと、力不足を承知でお引き受けすることにした。それが来年四月に開校する日本農業経営大学校である。

私たちの大学校は次代の日本農業を背負って立つ人材を育てるため、年に二〇人の学生を受け入れ、二年間、全寮制で教育する。校長という立場になって初めて知ったことだが、「大学校」という名称は誰が名乗ってもいいのだという。防衛大学校、水産大学校など一部には特定の法律によるものもあるが、むろん本校はそうではない。性格からすれば松下政経塾などと同じ私塾である。近ごろは政治塾がはやりだが、私たちは政治家の育成には全く関心がない。あくまで卒業後の就農を前提にしての塾である。

四月に初めて本校のことが記事になった時、一部の新聞が「企業が作る」というような書き方をしたが、そうではない。本校の運営母体である一般社団法人アグリフューチャージャパン（略称ＡＦＪ）は、ＪＡグループ、一般社団法人日本農業法人協会などの農業団体と、二〇〇社余りの企業などが会員になって二月に発足した。産業界と農業界は時に意見が分かれることもあるが、次代の農業の担い手を育てるという点では一致し、オールジャパンの組織ができたのである。ＡＦＪは農業支援のため、大学校の運営以外にも、農業経営セミナーやeラーニングなど各種の事業を行う。

校長をお引き受けした時、東京に作ることのメリット、デメリットを考えた。デメリットはすぐに思い浮かぶ。大都会のことだから周辺に農場を持つことは不可能であり、実習にはどこかの農場へ出かけるほかない。学生は二年間、自宅を離れて寮に入るから、授業料以外にも相当な費用がかかる。学生が農家の後継者だとすると、二年間は家の農業を手伝うことができなくなり、その分もまた家族の負担になりかねない……。

それでもなお、東京に出て来て学ぶメリットは何か。これもいろいろあるが、詰まるところ、東京には人と情報がいちばん集まりやすいということではなかろうか。国土の均衡ある発展という立場からは好ましくない一極集中の現実が、東京としては最大の有利性になる。東京だからこそ、誰もが学びたくなる講師を日本中から集めることができるに違いない。

結果にはいささか自信がある。具体的な顔ぶれは本校のホームページhttp://jaiam.afj.or.jp/の学校案内をダウンロードしてご覧いただきたいが、各地の大学・研究機関からえり抜きの講師たちを招くことが決まった。いま私は「東大の学生は東大の先生からしか学べない。でも日本農業経営大学校では全国の大学の先生たちと顔見知りになれる」とＰＲしている。

本校では通常の授業のほかに「特別講義」という時間を設けた。学者・研究者だけでなく、全国の農業者、企業人、消費者などに、タイミングを見計らって次々と登場していただく。自薦・他薦も大歓迎。私たちの手元には、特別講義の講師として招きたい方々の大きなリストができており、しかも日ごとに追加されている。あなたにもある日突然、講師の依頼状が舞い込むかも知れない。

本校のキーワードは「多様性」だと私は思っている。講師の多様さについては既に触れたが、学生も一九歳から四〇歳まで幅広く受け入れる。出身や経歴は問わない。一、二年次それぞれ三～四か月かけて行う現地実習では、農場以外に企業の第一線にも出かける。生まれも育ちも多様な学生たちが同じ釜のメシを食い、さまざまな経営像を描いて二年後に全国へ散っていく。彼らが自分の経営を確立するとともに、地域のリーダーとしても根付いた時を想像するのは、私にとって若返りの妙薬である。

（『日本農業経営大学校メールマガジン』二〇一五年三月二一日号
アグリフューチャージャパン）

二年間を振り返って

日本農業経営大学校は三月六日、初の卒業式を行いました。二年前の入学式と同じ東京・神田の學士會館で、巣立って行く学生一八人に私から卒業証書を手渡しました。式には佐藤英道農林水産大臣政務官も来賓として出席され、祝辞をいただきました。

卒業生たちは、創立したばかりで知名度が乏しく、まだ何の実績もない本校に、一期生として入学しました。私は式辞の中で、彼らの勇気を心から讃えました。中には勤めていた会社を退職して本校を選んだ者もいるのです。日本農業が厳しい現実に直面しているこの時代に、それはたいへん勇気を要する選択だったに違いありません。だからこそ卒業の喜びもひとしおでしょう。一緒に記念撮影をしながら、私もまた近年経験したことのない感動を味わっていました。

全員就農を実現

日本農業の未来を拓く農業経営者の育成を目的とする本校は、全員が就農することを前提に、一学年定員二〇人を二年間、全寮制で教育します。学生たちは卒業後、自らの経営を確立することはもちろん、地域のリーダーとしても活躍することを期待されています。

一期生として入学したのは、北は北海道から南は熊本、大分両県までの二一人（うち女性四人）でした。この中には農家の生まれでない者も七人います。入学時の年齢は一九歳から三三歳まで、平均二五歳でした。学歴は高校卒業から四年制大学卒業まで幅広く、さらに会社勤務など社会人経験のある学生も一三人と、多様な若者が集まってきました。

昨年入学した二期生二一人についても紹介しますと、男子一七人、女子四人は全く同じ。出身地は鹿児島県までさらに「南下」しました。非農家生まれは六人で一人減少。年齢は一九歳から最高三四歳ですが、平均では二三歳と少しだけ若くなりました。職歴のある学生は七人とほぼ半減しています。

一期生二一人のうち二人は残念ながら事情があって中途退学しました。また一人は生き方に悩んで一時休学したため、卒業の時期が延びました。しかしこの日卒業した一八人は全員、就農先が決まっています。就農のケースは大別すれば以下のように分けられます。

農家出身者＝①自家農業を引き継ぎ、発展させる、②農業法人へ就職し、何年か修行してから自家農業を引き継ぐ、③親から独立して経営を開始する

非農家出身者＝④独自に農地を見つけて就農する、⑤農業法人に就職し、折を見て独立するか、その法人の幹部を目指す

いちばん多いのは①の八人、次いで⑤の四人となっています。⑤の場合、将来独立するか、その法人に残って幹部を目指すかはまだ分かりませんが、今のところ独立を意識している者が多いようです。

卒業に先立ち、本年二月には会員や講師もお招きして卒業研究の発表会を行いました。二年間の学びの総仕上げとして、各自が目指す経営計画を取りまとめたものです。彼らはこの計画を携えて就農先へ向かいます。計画が成功するよう、また仮につまずいても立ち直れるよう、本校では卒業後もいろいろな方法でフォローアップします。

開校からの教育

本校は四五科目の通常講義のために、学者・研究者、農業者、企業人、消費者など約一六〇人もの方々を非常勤講師に委嘱しています。このほか開校からこれまでに六一回の特別講義を行い、本校または農業、企業の現場で講義をしていただきました。二学年合わせても四〇人程度にすぎない学生のために、熱心に講義をして下さる皆さまに改めて感謝申し上げます。

本校は農場を持っていません。それを補うために一年次の七月から一〇月まで、各地の優れた農業経営体にお願いして実習をしています。実習はちょうど梅雨が明けて暑さが厳しくなる頃に始まりますから、最初は相当参るようです。しかし四カ月たって東京に戻った時には、みんな見違えるようにたくましくなっています。

私たちが誇れるのは二年次の企業実習です。七月半ばから三カ月間、食品関連の流通業、製造業を中

心に各種の企画・開発会社や広告代理店など、さまざまな企業で実習させていただきます。三カ月もの長期にわたる企業実習をカリキュラムに組み入れている教育機関は、私の知る限り他に例がありません。出身地へ帰って就農する学生の中には、地元企業での実習を通じて、就農後の取引にまで進めそうな関係を築いた者もいます。

農業実習もそうですが、実習先は原則として学生自身が決め、受け入れの依頼なども学生が行います。そのこと自体が、農業経営者となるための勉強のひとつと位置付けているからです。受け入れていただく企業には何かとご面倒をお掛けして恐縮ですが、農業と違う世界で実際に働いてみることの効果は絶大です。

新校舎と寮生活

施設の面では昨年春、ＪＲ品川駅から一五分ほどのところに待望の新校舎がオープンしました。農林中央金庫が新築した研修センターの一フロアを借りて移転したものです。新校舎には最新の設備が用意されましたし、窓からの眺望も良く、まことに恵まれた教育環境です。

川崎市内にある学生寮についても触れなくてはなりません。毎日「同じ釜の飯を食う」ことをはじめ、寮での共同生活を通じて、学生たちは強固な仲間意識を形成しています。早々と同窓会も設立されました。就農後、苦しい状況に陥った時などにも、卒業生のネットワークはきっと心強い存在になるでしょう。

最後になりましたが、私は三月一二日に退任し、後任を堀口健治氏（早稲田大学名誉教授・元副総長）にお願いしました。民間による全く新しいタイプの農業者教育機関である本校は、会員の皆さまのお力を借りてひとまず船出しました。しかし教育という事業は短期間で目に見える成果があがるものではありません。本校はまだまだ発展途上にあり、試行錯誤しながらの航海が続くと思われます。新校長に私と同様のご支援をお願い申し上げます。二年間ありがとうございました。

（『農業』二〇一五年五月号「巻頭言」大日本農会）

初めての卒業生

一般社団法人アグリフューチャージャパン（略称ＡＦＪ）が運営する日本農業経営大学校はこの春、最初の卒業生一八人を送り出した。「日本農業の未来を拓く農業経営者の育成」を掲げて二年前、東京に開校した本校は、卒業後の就農を前提に二年間、全寮制で教育を行う。結果は目標通り全員の就農が決まった。

本校の売りものは何と言っても全国から招く講師の多彩な顔ぶれである。通常講義は「経営力」「農業力」「社会力」「人間力」の四領域から成り、研究者、農業者、企業人、消費者など約一六〇人もの方々を講師に委嘱している。一、二年生合わせても四〇人程度しかいない学生のためにハイレベルの講義をして下さる皆さまの熱意にはただただ頭が下がる。

二年次に行う企業実習は予期以上の成果をあげた。就農前に農業以外の世界を知るため、七月半ばから三カ月間、食品関連の企業をはじめ各種の企画・開発会社、広告代理店など、学生の希望する企業で鍛えていただく。近年、一週間や二週間のインターンシップは珍しくないが、三カ月もの長期実習を必修としている農業教育機関は本校ぐらいではなかろうか。学生の中には実習をした企業と良い関係ができ、就農後の取引を見込めるようになった者もいるなど、農業経営者のタマゴたちにとって収穫はきわめて大きかったと思う。

もちろん、開校三年目にすぎない本校はさまざまな課題を抱えている。一期生では二人が中途退学し、四月に入学した三期生は定員の二〇人に達しなかった。しかし、これらはいずれも想定内のこと。カリキュラムにも改善の余地があり、昨年から見直しを始めている。それ以上に教育はまさしく一〇〇年の大計であり、常に一〇年、二〇年先を見て進まなくてはならないことを、わずか二年の経験ではあるが実感している。

一期生の卒業を見届けたところで、私自身も校長を「卒業」させていただいた。幸い早稲田大学名誉教授で元副総長でもある堀口健治氏が二代目の校長を引き受けて下さった。研究、教育両面で経験豊富な堀口氏だけに就任早々からエンジン全開の活動ぶりである。

大日本農会はＡＦＪの正会員であるだけでなく、本校の学生を対象とする奨学金制度を設けるなど、開校当初からお力添えをいただいている。初代校長として心から謝意を表したい。

二期生を送る日

（『月刊ＮＯＳＡＩ』二〇一六年三月号「時論」全国農業共済協会）

三月は巣立ちの季節である。私の元にも日本農業経営大学校から二期生の卒業祝賀会の案内状が届いた。この大学校は約二〇名の青年を対象に、全寮制で二年間、高度な農業教育を行う民間機関である。私はご縁あって、創立から一期生が卒業した昨年春まで校長をつとめた。二期生と共に過ごしたのは一年間だけだったが、祝賀会にはぜひ出席して喜びを分かち合いたい。

日本農業経営大学校は全員が就農することを前提とする教育機関であり、実際に一期生は一九人がそろって就農した。農業を始める道は多様だが、私自身は農業法人に就職する形での就農者がどれくらい出るかに注目していた。

非農家出身者に法人への就職が多いのは予想できたことであり、七人のうち四人を占めた。この先のコースとしては、折を見て自営のために独立するか、その法人の幹部を目指すかのいずれかということになろう。

農家出身者は一二人だが、その中でも三人がすぐには自家農業を継がず、法人に就職した。法人で何年か経験を積んだのちに実家の経営に戻ろうというのである。親が健在でしっかり農業をしている場合には有力な選択肢だと思う。

実家へ戻っても、親と同じことをするとは限らない。新たに農地を借り、独自の経営を始めた者がいる。あるいは、親といっしょの経営ではあるが、自分の責任で新しい作物を導入した者もいる。そういう冒険をさせる親もすばらしい。

非農家出身者の中に、早々と自分で農地を見つけて独立就農した者が二人いる。うち一人はブログを書くので、私もちょくちょく読んでいる。早くも地元になじみ、可愛がられている様子が伝わってきて、大学校を作った甲斐があったと嬉しくなる。

さて、間もなく卒業の日を迎える二期生たちはどんな農業を始めるのだろうか。もちろん、最初から思い通りのコースを歩めるほど農業は甘くない。一期生の一九人もきっと大小の失敗を体験しているだろう。若いのだから失敗を恐れることはない。

毎年の卒業生は少数でも、五年たち一〇年たった時、寮生活を共にした彼らが作るであろう濃密なネットワークに、私たちは大きな期待をかけている。

ジャーナリストによる戦後農政の記録

（『農と食の光芒―農政ジャーナリストの会の50年―』二〇〇七年「序章」農政ジャーナリストの会50周年記念誌編集委員会編・農林統計協会刊）

農政ジャーナリストの会とは

農政ジャーナリストの会は二〇〇六年で発足から五〇周年を迎えた。この本は私たちの会が半世紀にわたって続けてきた研究活動の軌跡である。

本来、ジャーナリストという人種は群れたがらないものである。毎日が抜いた抜かれたの世界であり、知っていても知らないふりをするのは当たり前、何も知らないと見せかけて夜討ち朝駆けの取材をする、といった競争社会に生きている。群れ集まって情報交換をすることなど、他社とはもちろんだが、時には自社の仲間であってもご免こうむることがある。

そういう世界に生きるジャーナリストたちの中で、農林水産業と関連産業に強い関心を持つ者たちが、それぞれに所属する企業や団体の枠を越えて自主的な勉強のための組織を作り、コツコツと研究会を継続してきた。季刊で市販される機関誌も持っている。半世紀もの歴史があり、しかも休眠化していないジャーナリストの組織は希有などころか、私の知る限り、少なくとも日本国内ではほかに例がない。

行政機関や有力団体にはたいてい記者クラブがあり、新聞、放送の記者たちが会員になっている。そこでは定期的に、または必要に応じて記者会見が行われ、そうでない場合にも資料配布がある。記者たちはいわば居ながらにしてある程度の情報を入手できるのが記者クラブである。記者クラブは会社が必要と認めて記者を駐在させるものであり、従って会費も会社が支払う。事実上の企業会員制なのである。農政ジャーナリストの会は記者クラブではない（事務所を置いている東京・大手町のＪＡビルには別に二つの記者クラブがある）から、会員になったからといって、役所や団体から取材上、特別な便宜を与えられるわけではない。農政ジャーナリストの会は個人加入制であり、ジャーナリストたちはあくまでも個人の自発的な意志で会員となる。

近年、記者クラブの閉鎖性がたびたび問題になっている。一例をあげれば、フリーのジャーナリストは記者クラブに入れないのが普通である。企業や団体に属していても、担当分野が変わればその記者クラブからは退会する。記者クラブに加入していることが一種の特権化している、というのが批判の主な理由であり、これには根拠がないわけではない。農政ジャーナリストの会は個人加入だから、必要性を感じた者だけが会員になる。もちろん門戸は広く開かれており、新聞、放送、雑誌等の記者、編集者、フリーのジャーナリストはもちろん、ジャーナリスティックな活動をしている研究者なども会員になっている。

この会はまた、所属替えで記者クラブを退会した記者が勉強を続けたり、退職したジャーナリストがフリーで活動を続けるため最新の情報に触れたりできる場にもなっている。私自身、新聞社に在籍した三七年余りのうち一四年間は農林水産業の取材部署から離れていたが、その間も研究会に出席し、後述する共同取材に参加することで勉強を続けることができた。定年退職後は大学、研究所と職場は変わったが、現在も会員として現役のジャーナリストたちとともに研究会に参加することを喜びとしている。

第一章で詳述されるように、この会は一九五六年、河野一郎農相の農政手法に批判を持つジャーナリスト有志による情報交換の場としてスタートした。『季刊　農政の動き』を二〇号まで刊行して出版活動に一区切りつけたが、六四年四月に再出発のための総会を開き、それまで以上に活発な研究会活動を開始した。口コミと機関誌によって世間にその活動ぶりが知られるにつれて徐々に会員が増えた。GDPに占める農林水産業の比率は低下の一途をたどったが、会員は二〇〇七年五月現在も三〇〇人余を数えており、この数字はなお減る気配がない。農林水産業を専門に取材する現役ジャーナリストが減り、高齢のため退会する会員もいる一方で、農林水産業だけでなく食や環境への関心から会の存在を知り、会員となる人たちも多くなっている。会員の幅が広がるとともに会の関心領域、具体的には研究会のテーマも広がってきている。

農政ジャーナリストの会の主要な活動は内外の共同取材を含む研究会であり、これについては後にやや詳しく述べる。それ以外の活動として二点をあげておきたい。

会は創立三〇周年（一九八六年）を記念して会員の拠出による基金を造成し、「農業ジャーナリスト賞」を設けた。毎年、農林水産業に関する優れた企画記事や放送番組を選んで表彰している。この賞は、農林水産業全体の地盤沈下という困難な環境の中で取材する全国のジャーナリストたちを励ますことを主な狙いとしており、二二回目に当たる二〇〇七年には河北新報社の「ニッポン開墾〜中山間地からの発進」（「ニッポン開墾」取材班）、信濃毎日新聞社の「木曽・王滝『官』の村から」（東条勝洋記者）、高知新聞社の「土佐ジロー二〇歳　スーパーブランド物語」（掛水雅彦編集委員）の三篇を選んだ。

もう一つは国際交流活動である。農政ジャーナリストの会は農業ジャーナリストの国際的な組織である国際農業ジャーナリスト連盟（ＩＦＡＪ）の会員であり、二〇〇七年秋にはＩＦＡＪ最大のイベントである世界大会を初めて日本で開くことになっている。ＩＦＡＪはもともとヨーロッパの農業ジャーナリストたちが組織したもので、大会もほとんどヨーロッパ各国の農業ジャーナリスト組織が交互に主催してきた。農政ジャーナリストの会は一九七〇年に準会員として大会に初参加し、八八年には正会員として認められたが、その当時すでに欧米会員の日本農業に対する関心は強く、ＩＦＡＪ本部からかねがね日本で大会を開くよう要請されていた。

研究会と機関誌

農政ジャーナリストの会の中心的な活動は研究会である。情報交換の場として始まった研究会は、会員が増えるにつれて形を整え、現在の方法が定着した。今は役員会で話し合ってテーマを決め、月に一回ないし二回、講師を招いて合計四回の研究会を開くことが多い。研究会では一時間余り講師の報告を聞き、その後、講師と出席者が自由に討論する。テーマは四半期ごとに決めるから、毎年四つのテーマを取り上げることになる。

年に一度は国内各地の農村へ「共同取材」に出かける。農政ジャーナリストである以上、日ごろから農村の取材をしてはいるが、共同取材の場合は多数の目で現場の動きを見ることに意味がある。海外農業の動向も重大な関心事であり、不定期だが海外共同取材も行う。最近はＩＦＡＪの年次総会に出席した会員たちが、その前後に開催国や近隣諸国を回って取材することが恒例になっている。

研究会や共同取材の記録は、「農政の焦点」などの解説・報告記事と合わせて機関誌の形にまとめ、原則として四半期ごとに刊行している。機関誌の名称は初めの『季刊　農政の動き』から、二年間はガリ版印刷で会員配布のみの『会報』（一～五号と特別号一冊）でつないだのち、再刊後は『日本農業の動き』と改めた。『季刊　農政の動き』は二〇号、『日本農業の動き』は二〇〇七年五月末現在、一五八号（合併号が三回あるため一五五冊）を刊行した。通算すれば一七八号、一七五冊である。

創刊以来の機関誌のタイトルを見ると、海外共同取材の特集などを除き、ほとんどが研究会のテーマでもある。農林予算の分析や冷害の状況報告といった目先の問題から、食料需給、技術の動向、さらには戦後農政の追究といった長いスパンのテーマまで、きわめて多様である。しかし、それらを通観してみると、ジャーナリストらしく常に農政の最先端に焦点を当てていることが分かる。

ジャーナリストは政治家でもなければ団体のリーダーでもない。また政策決定に関わる官僚でもない。言ってみれば時代の記録者ないし積極的・批判的な傍観者である。研究会のテーマは、その時どきの情勢をにらみながら役員会で決めるのだが、機関誌は結果として戦後農政の観察記録となっている。別の見方をすればジャーナリストによる戦後農政史研究の成果である。

ただし、学者たちの研究方法と異なり、時間がたってから振り返って各種資料を吟味するといったやり方ではない。問題が発生した時点、あるいは発生が予想される時点での、ホットなニュースを素材とする研究である。今となって当時の認識が正しかったかどうかは、一七五冊の記録から評価していただくほかない。ことの行方がはっきりとは見えなくてもある判断をし、記事にする。それがジャーナリストの方法である。

タイトル一覧表によって、私たちが時代ごとに、どこに目を向けてきたかを分析してみたい。テーマは多種多様だし、あるテーマに他の問題が入り込んでいることも少なくないが、そこは目をつぶってやや強引に仕分けをする。

当然ながら、農政の一般的な動向に関するテーマと言えるものが最も多い。具体的には農業基本法、新版「村づくり運動」（農業構造改善事業）、総合農政、「八〇年代の農政」に関する農政審議会答申、いわゆる新政策（「新しい食料・農業・農村政策の方向」）、新農業基本法（食料・農業・農村基本法）、食料・農業・農村基本計画といったことである。

これらのテーマと発行年を見るだけでも、読者は農政の節目がいつだったかを理解できるだろう。それだけでなく、例えば一九六一年に制定された農業基本法が、ジャーナリストの間では、五年後には早くも「行きづまる」と言わなければならない事態に陥っていたことを知るのである（『日本農業の動き』第六号）。

個別の農産物で圧倒的に多く登場するのはやはり米である。海外まで含め、直接に米問題をテーマにしたことが一八回に及ぶ。直接にという意味は、別のテーマの中でも米に触れることが多く、また「農政の焦点」などの解説記事でもひんぱんに米を取り上げているからである。米はほぼ日本全国で生産され、日本人の誰もが口にするだけでなく、すぐれて政治的な農産物だった。

農政ジャーナリストの会発足の一九五六年当時、農業総産出額に占める米の割合は四九・九％（大豊作だった前年は実に五四・七％）であり、食管制度もまだ十分に機能を果たしていた。今日では米の産出額比率は二三・一％（二〇〇五年概算）に下がり、一方では「緊急避難」として始まった生産調整が三十数年も続いている。「米は主食か否か」が議論される時代にあって、需給調整も二〇〇七年産からは農業者・農業者団体が主体的に行うシステムへ移行する。それほど様変わりしても、日本農業の根幹部分に米＝水田があることは変わっていない。

農政ジャーナリストの会は『季刊　農政の動き』第一〇号で「貿易の自由化と日本農業」をテーマとして以来、早くから農産物貿易の動向や世界の農業・農政に目を向けてきた。国内にいて研究会をするだけでなく、一九六八年には初の試みとして一四名から成る視察団が欧米を訪れた。三週間にオランダ、西ドイツ（当時）、イギリス、フランス、イタリアをへて、さらにアメリカへ飛ぶという強行軍だったが、その報告を中心にした「激動の世界農業を行く」（『日本農業の動き』第一四・一五合併号）は、社業のため参加できなかった私にとって衝撃的だったことを記憶している。以後、海外共同取材が今日まで継続していることはすでに述べた。

近年、食に関わる問題も私たちの重要な研究対象だった。大別して二つの流れがある。一つは「高まる世界の食糧不安」（『日本農業の動き』第二九・三〇合併号）のように内外の食料需給や自給率を考えるもの、いま一つは「日本型食生活のゆくえ」（同第五三号）、「食品の安全性を求めて」（同第五五号）

など食生活や食の安全・安心に関わるものである。特に一九九〇年代後半からは、ほとんど毎年、何らかのテーマを設けて食の問題を取り上げてきた。言い換えれば、農政ジャーナリストにとって食の問題が農業の問題と同様に重要になっていることでもある。このことを反映して、友好団体の一つである食生活ジャーナリストの会（一九八九年発足）との交流も年ごとに深まっている。

最後に農業団体、とりわけ農協に関わる問題がある。擁護するにしろ批判するにしろ、農協という存在を抜きに日本農業を語ることはできない。

農政ジャーナリストの会も折に触れて農協をテーマとし、この巨大組織のあり方を模索してきた。『季刊　農政の動き』第一号の「発刊のことば」に「中央・地方の農業団体役職員の方々を主たる対象に（中略）皆さんの実務にお役に立つ内容をもろうとしています」とあるように、初めのころは読者としても第一に農協マンが想定されていた。かつて何年か『日本農業の動き』の編集を担当したことのある者として白状すれば、農協をテーマにすることは販売戦略上も望ましいことだった。農協をテーマにすれば確実にある程度の部数が売れたからである。農協合併の進展で農協数が減ったこともあり、今はさほどでもなくなったが、そういう損得勘定は抜きにして、今後も漁協、生協を含む協同組合は有力なテーマであり続けるだろう。

半世紀を支えたもの

それにしても、五〇年は長い。「思いつきはよいが、永続きはしない」（『季刊　農政の動き』第二号「まえがき」）と揶揄されてもおかしくないジャーナリストたちが、地道に研究会を続けてきた。そこに出席して取材のヒントを得ることはもちろんあるが、研究会は原則としてオフレコ、つまりこの場で知ったことはストレートに記事にはしないという、暗黙の了解があった（現在でも、講師によっては、司会者が事前にオフレコである旨を念押ししてから開会することがある）。講師から本音を聞き出したいがためである。記事になる、ならないよりは、いま起きていることの真実をきわめたいという、一致した気持ちがあったと思う。

長続きした理由の一つとして、この会には当初から一般紙（日刊紙）、農業専門紙双方の記者が参加したことがある。創立会員の一人だった石川英夫（時事通信）によれば、当時はまだ一般紙と専門紙の間に「職業上の差別観」がわだかまっていたという。「業界紙」という通称が一般的だったころである。しかし、農政ジャーナリストの会では発足の当初から双方の記者たちが一緒に活動した。むしろ、一緒に活動する意志のある者が集まったと言うべきだろう。共同の研究会は両者をさらに気心の知れた仲間の集まりにした（『日本農業の動き』第八〇号「ずいひつ　農政ジャーナリストの会機関誌百号に思う」）。最初に取り組んだ問題が、大物大臣として名を馳せた河野農相による農業団体再編成構想という、一般紙、専門紙どちらにとっても大きなトピックであったことも、仲間意識を高めるのに役立っただろう。一般紙の記者だった私が会員になったのは少し後のことだが、会の活動を通じて専門紙の先輩や仲間たちからどれほど多くを学んだか知れない。そして今、専門紙の若い記者諸君に先輩面して遠慮なくものが言えるのも、この会あってのことである。

草創期のメンバーに共通していたのは、河野農政に象徴される権力への批判精神（石川は「抵抗精神」という言葉を用いている）だった。機関誌創刊の時に監修者の一人となり、後に代表幹事をつとめた團野信夫（朝日新聞）は、創立二〇周年に当たって「客観的な報道と自由な批判は一貫して堅持されている。この伝統こそジャーナリストの会を支えてきた背骨であろう」「（会の）基礎が、いかなる権威にも従属せぬ独立の精神にあることは、お互い認め合えると思う」(「激動二十年を回顧する」、農政ジャーナリストの会編集発行『農政ジャーナリストの会二十年の歩み』一九七六年)と書いている。それなくしてジャーナリズムはない、と言いたかったのだろう。先輩たちのこの気概を、私たちはいつも肝に銘じなくてはならないと思う。

半世紀の間、会は多くの人々に助けられてきた。いま、それらの人々に心からの感謝を捧げたい。まず忘れてならないのは、監修者として機関誌の立ち上げを支援してくれた東畑四郎、大谷省三、團野信夫の三氏である。三氏が関わったいきさつの詳細は第一章に委ねるが、ここで少しだけエピソードを紹介しよう。

農林事務次官から(財)農林水産業生産性向上会議理事長となっていた東畑、軍部に拘束されたまま敗戦を迎え、硬骨の農業経済学者(東京農工大教授)として農業関係者に強い影響力を持っていた大谷、朝日新聞の農政担当論説委員として農政ジャーナリストの「元老格」だった團野と、三人の組み合わせは石川英夫、風戸伊作(農業協同組合新聞)の両氏がお膳立てしたとされるが、結果はまさに絶妙だった。三氏は監修者にとどまることなく、積極的に研究会に参加した。その姿を石川が生き生きと書き残している。

「普通、私達がこのように偉い方々を担ぐ時には、失礼ながら『名義だけをお借りするだけで、あとはお任せください』、という具合にして事を運ぶ場合が多い。ところが(中略)三人の監修者が、私達の農政問題の討論会に直接出席されて、カンカンガクガクの議論に加わることになった。それぞれ立場を異にする三人の監修者の間に交わされた議論は、誠に熟度の高いもので、われわれジャーナリストたちは、深夜にいたるまで、お株を奪われた形で三氏の論争に聞きほれていたこともあった」(大谷省三先生を偲ぶ文集刊行委員会『大谷省二　情熱と信念の人』一九九五年）。

草創期のメンバーの誰もが同様な感想を持ったようで、「この三方の発言は生きたテキストであり、同時にその場はゼミであり、道場であった」（山地進、日本経済新聞）、「当然のことながら三氏の意見はかなり違います。意見対立は当然です。しかし、お互いに主張はしながら相手の意見も聞くという姿勢が貫かれました」（古野雅美、共同通信）といった言葉が、当時の研究会の模様を彷彿とさせる。

付け加えれば、時代に先駆けて（財）農政調査委員会、（財）農村開発企画委員会という二つのシンクタンクを創設した東畑は、農政ジャーナリストの会にとってもなかなかのアイデアマンだった。『季刊　農政の動き』の売り物だった第一線記者による覆面座談会は彼の示唆で始まったものだし、『農政の動き』という誌名を提案し、表紙のクリーム色を選んだのも東畑だという。

そうは言っても、新しい雑誌を発行するのは素人にたやすくできることではない。そこに登場するのが（社）農協協会の設立者で、農業協同組合新聞の発行者でもあった田中豊稔である。『季刊　農政の動き』は農協協会によって発行に漕ぎ着けた。田中がなぜ引き受けたかは、今となってははっきりしないが、農業協同組合新聞の記者だった風戸が話を持ちこんだと推測される。創立会員の一人で当時、農協協会にいた岡本末三によると、田中は東大在学中、もう一人の仕掛け人である石川と同じく新人会に属していたので、二人は以前から知り合いだったことも考えられるという。

田中の人格には定評があった。ウソをつかない誠実な人で、誰に対しても優しかったから、黒字の見通しもないのに『季刊　農政の動き』を引き受けたのだろうと、創立会員の松坂正次郎（農業共済新聞）はみる。

風戸、岡本両会員のいた農協協会の隣室に丸岡秀子の設立した農村婦人協会があり、そこに長瀬タキエという女性が働いていた。田中は彼女を農協協会の嘱託にし、『季刊　農政の動き』の編集を手伝わせた。長瀬はその後、農政ジャーナリストの会の事務局に移り、再出発した機関誌『日本農業の動き』第一号から編集にたずさわったのをはじめ、長年にわたって会の世話役をつとめた。

農政ジャーナリストの会の事務所は一九六七年六月以来、東京・大手町のＪＡビル(注)（当時の名称は農協ビル）八階にある。中央に太い柱のある狭い部屋ではあるが、貧乏な会の会費収入で家賃をまかなえるものではない。事務所がなくて困っていた農政ジャーナリストの会に、この部屋を事実上、無償で貸してくれたのは、そのころ全国農協中央会会長として農協運動を引っ張っていた宮脇朝男だった（現在はそれなりの部屋代を負担している）。ジャーナリストの良き理解者で、夜討ち朝駆けの取材にもいやな顔ひとつせず応じた宮脇が、もともと配膳室か何かで使われなくなっていた小部屋を提供してくれたのである。

ＪＡビル内に事務所を持っていることで、農政ジャーナリストの会は時として、ＪＡグループの飼い犬ではないかと誤解されることがある。しかし、言うまでもないことだが、私たちはそのことでＪＡグループにおもねったことはないし、ＪＡグループから見返りを求められたこともない。

（注）現在のＪＡビルとは別の場所にあった旧ＪＡビルである。

私たちは何を学び、伝え、記録してきたか

（『日本農業の動き』二〇〇号「〝減反廃止〟後の米需給」、二〇一八年一一月「目次総覧」農政ジャーナリストの会編集・発行）

農政ジャーナリストの会は三カ月ごとにテーマを設定し、おおむね四回の研究会を開く。従って、研究会の内容を中心に編集する『日本農業の動き』も原則季刊である。実際には編集に手間取るなどして遅れた年もかなりあり、一九六五年に創刊号を世に送ってから二〇〇号（うち三回は合併号）までに五四年かかった。これ以前に一九五七年から六三年にかけて『季刊　農政の動き』を二〇号まで出しているから、通算すれば六一年間、二二〇号ということになる。

研究会のテーマと講師は幹事会で議論して決められる。私が幹事だったころを思い出しても、それにはずいぶん時間をかけた。その時々に幹事たちが何を最重要と認識していたか、ジャーナリストとしての時代感覚を問われるから真剣にならざるを得ないのである。

改めて各号の特集タイトル（すなわち研究会のテーマ）をさかのぼってみると、それぞれの時代の農業・農村と農政、あるいは食の動向をみごとに反映していることが分かる。私自身、何かを書いたり話したりする時、『日本農業の動き』にはどう書かれていたかと、関連の号を読み返すことがよくある。

米・水田農業関連のテーマが多いのは日本農業の特性からして当然だが、その米にしても取り上げるたびに切り口は異なる。一九八〇年の五四号で早くも飼料米の将来性を検討していることなど、ジャー

ナリストらしい先見性を示したものと言えよう。

米以外で一例をあげれば、一九九三年の一〇四号が「変わるか、農業・農村と女性」だったのに対し、二〇〇七年の一五七号では「女性が変える農業・農村」となった。「変わるか」から「変える」へ。タイトルだけでも女性の地位の変化が読み取れる。

講師の顔ぶれも多様で、テーマごとにいろいろな立場の考え方を知ることができるように選ばれている。そこから何を学び、どう判断するかは読者次第、ということである。農政ジャーナリストの会が一九五六年の発足から六〇年以上も続いてきた理由の一つはこの多様性にあると思う。

特集以外でぜひ触れておきたいのは「地方記者の眼」である。最近五年間ぐらいを見ても、各地で相次ぐ災害の報告はもちろん、鳥獣害（一八二号）、能登あるき二〇年（一八五号）、小農学会（一九一号）、ジビエ（一九七号）など、地方在住のジャーナリストでないと書けない報告に多くを教えられた。

言うまでもないことだが、農業の現場は霞が関界隈にあるのではない。『日本農業の動き』は、現場に最も近い位置で取材するジャーナリストたちが何を見、何を感じたかを伝え、記録する媒体でもありたい。

あとがき

ジャーナリストとしての一歩を踏み出してから六〇年余り、私なりに時代の波がしらを切り取ってきたつもりだが、果たしてどうだったか。この間、雑文といえども手抜きをしたことはない、とだけは言い切れる。

けれども白状すれば、私ごときが今さら古い原稿を掘り返すなど、しょせん老人のノスタルジーにすぎないのではないか、という思いを抱きながらの本づくりだった。

そんな時、いつも私を励ましてくれたのは、学生時代に繰り返し読んだ花田清輝の次の言葉である。

「生涯を賭けて、ただひとつの歌を、――それは、はたして愚劣なことであらうか。」(「歌――ヂョットオ・ゴッホ・ゴーガン」角川文庫版『復興期の精神』)

ただひとつの歌を。私にはその道しかなかったのだと、八四歳のいま自問自答する。

＊

書名は二〇一〇年から一一年にかけて全国農業改良普及支援協会の『技術と普及』誌に連載を書いた時のタイトルをそのまま使わせていただいた。

老老介護の中で何とか完成に漕ぎ着けられたのは、今度もまた創森社の相場博也さんをはじめとする編集関係の皆さんのおかげである。改めて心から謝意を表したい。

この本もパーキンソン病とたたかう妻・清子に捧げる。

岸 康彦

稲穂とバッタ

●

装丁 ——— 熊谷博人
デザイン ——— ビレッジ・ハウス
写真 ——— 三宅 岳
校正 ——— 吉田 仁

著者プロフィール

●岸 康彦（きし やすひこ）

農政ジャーナリスト。

1937年、岐阜県に生まれる。早稲田大学第一文学部卒業。1959年、日本経済新聞社入社、主として農林水産業・地方問題を担当。岡山支局長、高松支局長、東京本社速報部長をへて、85年、論説委員。97年、愛媛大学農学部教授。2002年、日本農業研究所研究員、同年、大日本農会理事、11年、日本農業研究所理事長、12年、(一社) アグリフューチャージャパン理事・日本農業経営大学校校長。この間、農政ジャーナリストの会会長、水産ジャーナリストの会会長をつとめ、米価審議会、食品流通審議会、畜産振興審議会、林政審議会等の各委員及び食料・農業・農村政策審議会臨時委員を歴任。

著書『市場開放とアグリビジネスの選択』（柏書房、1988年）、『食と農の戦後史』（日本経済新聞社、1996年）、『雪印100株運動』（共著、創森社、2004年）、『世界の直接支払制度』（編、農林統計協会、2006年）、『農に人あり志あり』（編著、創森社、2009年）、『農の同時代史』（創森社、2020年）など。

食と農のつれづれ草――ジャーナリストの視点から

2021年9月21日　第1刷発行

著　　者――岸 康彦

発 行 者――相場博也

発 行 所――株式会社 創森社

〒162-0805 東京都新宿区矢来町96-4

TEL 03-5228-2270　FAX 03-5228-2410

http://www.soshinsha-pub.com

振替00160-7-770406

組　　版――有限会社 天龍社

印刷製本――精文堂印刷株式会社

落丁・乱丁本はおとりかえします。定価は表紙カバーに表示してあります。

Printed in Japan ISBN978-4-88340-352-3 C0061